관광 · 방문안내지도 제작법

계획 · 디자인 · 출력

관광 · 방문안내지도 제작법

계획 · 디자인 · 출력

허갑중

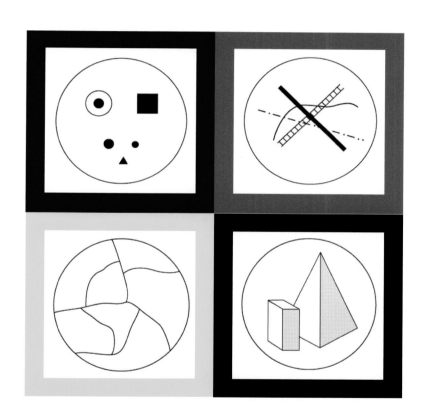

∑ 시그마프레스

관광 · 방문안내지도 제작법: 계획 · 디자인 · 출력

발행일 2015년 5월 26일 1쇄 발행

지은이 허갑중
발행인 강학경
발행처 ㈜시그마프레스
디자인 우주연
편집 류미숙

등록번호 제10-2642호
주소 서울특별시 영등포구 양평로 22길 21 선유도코오롱디지털타워 A401~403호
전자우편 sigma@spress.co.kr
홈페이지 http://www.sigmapress.co.kr
전화 (02)323-4845, (02)2062-5184~8
팩스 (02)323-4197

ISBN 978-89-6866-443-4

머리말

정부가 관광산업을 진흥시키고자 1961년 한국관광공사를 설립하였는데 2015년 현재, 50년 반세기가 넘었고, 작년 한 해 동안 해외로 떠난 국민 해외관광객은 1,600만 명, 우리나라를 찾은 외래관광객은 1,200만 명이 넘었다고 합니다.

이처럼 오늘날과 같은 국제화, 세계화 시대에 관광산업진흥을 위한 핵심·필수수단인 관광안내정보(지도, 표지판, 출판물－가이드북·브로슈어, 전자정보－웹사이트·모바일) 시스템과 콘텐츠의 질적 수준이 구미 선진국들은 말할 것도 없고, 1인당 국민소득이 28,000달러가 넘은 우리나라가 15,000달러도 넘지 않은 남미 국가들 것과 비교해도 참으로 부끄러운 수준입니다.

대통령은 혁신을 간곡히 주문하고, 관광산업을 진흥시키기 위하여 "관광진흥확대회의" 까지 주제하며 독려하고 있는데, 전문가라고 자처한 사람들이 관광안내지도와 관광안내지도 제작 가이드라인 개념조차도 이해를 못한 것은 물론이고, 주제지도 디자인 개론서 한 권도 읽지 않은 관계로 전문지식이 전혀 없는 상태에서 참담한 〈관광안내지도 제작을 위한 가이드라인, 2009. 03〉을 수립·제출하고도 부끄러운 줄 모르고 오히려 큰소리를 쳤습니다.

이 책을 읽어 보면 명확하게 알 수 있겠지만 관광, 경영, 경제 등의 분야를 전공한 사람은 국가단위의 관광안내지도 제작을 위한 가이드라인 수립이 애당초 불가능합니다. 또한 현대의 제작 가이드라인 수립은 단순한 연구과제가 아니라 통합적·국제 표준화 및 브랜드 포지셔닝 전략 측면까지 함께 고려하여 수립해야 하는 차원 높고 어려운 연구과제라는 것도 알게 될 것입니다.

2009년 수립한 가이드라인은 국가단위의 관광안내지도 제작을 위한 가이드라인이 아니기 때문에 다시 가이드라인을 수립·시행해야 한다고 관계당국에 요청하였더니 개선사업 명목으로 다시 연구용역을 추진하여 〈관광안내지도 제작 가이드라인, 2015.01〉를 수립·

제출했는데 더욱 참담하고 황당한 결과였습니다. 자신의 분수도 모르는 사이비 전문가들이 연구용역을 수행했었기 때문에 예상했던 당연한 결과였습니다. 만약, 엉터리 가이드라인으로 사업시행을 하게 되면, 연구용역 발주기관 담당자들과 부처는 물론이고, 국민과 세계인을 기만하는 결과를 가져올 것이 분명하고, 국가적 차원에서는 관광산업진흥 저해와 막대한 예산낭비를 야기할 것이며, 국제적 차원에서는 국가위상과 이미지까지 훼손시키는 상황을 또 다시 초래하게 될 것입니다. 왜냐하면 그동안 가이드라인 수립 연구용역을 수행했던 연구책임자들과 연구진 및 자문위원들은 이론적, 실무적 측면에서 국제적으로 통용되고 있는 합리적인 근거와 기준 및 국제 트렌드를 반영한 가이드라인을 수립하지 못한 엉터리였기 때문입니다.

이 책은 구미 선진국들처럼, 시력약자와 일반인을 이용자 기준으로 삼고, 종이와 표지판 및 웹 세 가지 매체에 적용할 수 있는 네 가지 지도를 제작할 수 있도록 했습니다. 그리고 이론과 실물 사례 및 가이드라인 사례 3개 부문 모두를 연구하여 구미 선진국들의 정부부처와 세계적인 민간업체들이 자신들의 전략과 노하우 유출을 우려하여 공개하지 않고 있는 내용들까지 모두 밝혀서 담은 책(Textbook)과 실행 프로그램(Toolkit)을 완성하여 해외 전문가에게 검토를 받고, 국내에서 실행검증까지 완료했습니다.

또한 구미 선진국들처럼 두 가지를 하나의 세트로 묶어서 책으로 출판하면, 지도제작의 문제점과 제작법을 명확하게 이해할 수 있을 것이고, 제가 수립·제시했던 시안을 부정하거나 논란할 여지도 모두 사라질 것이며, 낙후된 우리나라 관광·방문안내지도의 혁신과 토대 마련에 기여할 수 있을 것이라 생각되어 이 책을 출판하기로 한 것입니다.

감사의 글

이 책이 나오기까지 아래 소개한 많은 분과 기관들의 직·간접적인 협력과 격려가 없었다면, 아마도 이 책을 쓸 수 없었을 것입니다. 감사를 드립니다.

- 자문·협력관련 인사: 강영옥 이화여대 교수·전 한국지도학회 회장, 구상찬 상하이총영사, 김영수 전 2014인천아시안게임조직위원·회 위원장, 도재기 경향신문 문화부장, 류원식 전 동아일보 기자, 문준영 제주의소리 기자, 박강섭 청와대 관광진흥담당 비서관, 박민권 문화체육관광부 차관, 박병남 한국관광공사 제주지사장, 신홍경 교수·전 한국공간환경디자인학회 회장, 심재철 국회의원, 윤원중 전 국회사무총장, 이운룡 국회의원, 이정현 국회의원, 임동갑 목사, 정승훈 제주발전연구원 연구기획실장, 조성하 동아일보 부국장, 최선웅 계간 고지도 편집장 등

- 지도제작 책과 자료관련 인사: Alan M. MacEachren, Alex Brown, Borden Dent, Gretchen Peterson, Howard HER, Judith Tyner, Megan Kealy, Menno-Jan Kraak and Ferjan Ormeling, Reginald Golledge, Steve Walkowiak, Todd Pierce 등

- 표지판 게시 지도제작 책관련 인사: Craig Berger, Chris Calori, Christian Lunger, Colin Ware, David Gibson, Paul Arthur, Romedi Passini 등

- 지도와 표지판제작 책과 자료관련 기관: Department of Geography and Map Library of Michigan State University, DK(Dorling Kindersley) and Manager Steve Ellis UK, Hawaii Tourism Authority, International Paper Company, National Park Service USA, NAVTEQ, The Chicago of University Press, Tourism Vancouver and Whistler BC 등

이 책을 출판할 수 있도록 결정해 주신 (주)시그마프레스 강학경 사장님과 편집부 임직원 여러분께 감사를 드립니다.

끝으로 우리나라 관광·방문안내지도를 반드시 혁신할 수 있도록 해야겠다는 나의 집념 때문에 지난 5년 동안, 내 아내 그리고 아들과 딸에게 너무나 많은 어려움과 희생을 안겨서 힘들게 했다. 참으로 미안하고 감사하다는 마음을 전한다.

허갑중

차 례

제1장 관광 · 방문안내지도 제작법 개관

제4장 지도창작 및 스타터 맵 프로그램: 별도제공 자료

 제5장 선진 해외사례 및 국내사례

부록

01

관광·방문안내지도 제작법 개관

관광·방문안내지도는 국토지리정보원 등이 제공한 원본 기반지도 (Original Base Map)를 바탕으로 용도에 부합하고, 콘텐츠가 정확하며, 지역의 정체성을 잘 표출시켜, 예술적 수준(Artistic Level)으로 아름답게 하되, "간결하고, 명료하며, 읽기 쉽게(Simple, Clear, Easy to Read): 판독하기 쉽고, 명료하게(Legible and Readable)"라는 지도제작 원칙(Mapmaking Mantra)에 부합하도록 계획·디자인·출력해야 한다.

1. 개요

발간 목적

이 책을 발행한 목적은 낙후된 관광 · 방문안내지도의 질적 수준을 구미 선진국 수준으로 혁신시켜 관광산업진흥에 기여하는 데 있다. 그러기 위해서 모든 용도의 관광 · 방문안내지도 제작을 위한 계획수립, 디자인, 출력문제를 이해할 수 있도록, 통합적 표준화 전략을 시행할 수 있도록, 국제적으로 통용될 수 있도록 국제기준을 근거로 한 선진 제작법과 사례, 참고자료를 제공하는 것이다.

기본방향 및 구성

이 책의 기본방향은 관광 · 방문안내지도의 계획수립, 디자인: 그래픽 및 레이아웃, 제작시안 비평 · 수정과 관련한 기준(Standards)을 제시하여, 과업시행 주체인 정부 중앙부처, 지자체, 산하기관, 기업 등이 용도에 적합하고, 콘텐츠가 정확하며, 정체성을 잘 표현하여 아름답고 다양한 관광 · 방문안내 지도를 제작 · 배포 · 활용하도록 하는 데 있다.

또한 관광 · 방문객을 위하여 아래 〈표 1.1〉에서 알 수 있듯이 두 가지 기능, 즉 1) 관광 · 방문대상(예: 명소 등)의 위치 또는 길 찾기 안내(Orientation 또는 Navigation)와 2) 관광 · 방문대상(예: 경기장 분포 등)의 전체 모음안내(Codification)를 충족하도록 했다. 또한 세 가지 매체인 인쇄, 표지판, 전자와 네 가지 관광 · 방문안내지도, 즉 1) 종

표 1.1　가이드라인 적용 · 제작 관광 · 방문안내지도 매체의 유형 및 특성

학자	동작의 구성요소	
인쇄	① 종이지도 • 근접 · 휴대가능, 확대보기 가능	※ 시력약자를 배려하여 글자크기를 최소 10~15 mm 범위에서 표기해야 한다.
	② 노변전시 표지판 게시 패널지도 • 접근제한, 휴대불가, 확대보기 곤란	
	③ 벽면부착 게시 패널지도 • 접근제한, 휴대불가, 확대보기 곤란	
디지털	④ 웹지도 • 접근 · 휴대가능, 확대보기 가능	

참고: Arthur, Paul and Romedi Passini. *Wayfinding: People, Signs and Architecture*. 1992. p. 147, pp. 186~202. Calori, Chris. *Signage and Wayfinding Design: A Complete Guide to Creating Environmental Graphic Design Systems*. 2007. pp. 121~124.

이지도, 2) 보행자 중심의 노변전시 표지판 게시 패널지도, 3) 벽면부착 게시 패널지도, 4) 웹지도를 제작할 수 있도록 한 방안과 사례로 구성했고, 시력약자와 일반인이 함께 이용할 수 있도록 했다.

2. 주요 용어 개념정리

관광·방문안내지도(Tourist·Visitor Map)

흥미 있는 곳과 경관을 경험하고자 관광·방문하기를 원하는 관광·방문객에게 중점 또는 의도사안과 관련한 오직 하나의 주안점들(only those features related to the focus or intent)에 대한 위치와 공간적인 분포를 알려주기 위하여 평면, 혼합, 입체 형태로 고안된 단일 주제의 지리적 지도이며, 기반지도(Base Map)에 주제와 관련된 오버레이 및 부수적인 지도요소들을 적용하여 분명하고 매력 있으며 읽기 쉽게 계획·디자인·출력한 지도를 말한다.

※ 개념정의 영어원문 및 출처

① **Reference Map**: "A map which shows all features on the landscape."

② **Thematic Map**: "A map showing only those features related to the focus or intent of the map."

  • Dent, Borden. *Cartography: Thematic Map Design*. 2009. p. 4, 7, 10.
  • NPS. Glossary in Map Standards. 2005. p. 9.

③ Thematic Map 2: "A map that features a single distribution, concept, relationship and for which the base date serve only as a framework to locate the distribution being mapped."

  • Tyner, Judith A. *Principles of Map Design*. 2010. p. 242.

④ Tourist Map: "A geographic map designed for tourists. A specific requirement of tourist maps is that they be clearly drawn and legible—a requirement that applies to such supplementary map features as drawings, photographs, indexed guides, explanatory text, and various information and reference material."

  • http://encyclopedia2.thefreedictionary.com/Tourist+Map

- http://www.gohistoric.com/glossary/tourist-map

노변전시 및 벽면부착 표지판 게시 지도(Wayside Exhibit & Wall Mounted Maps)

보행 관광 · 방문객이 관광 · 방문을 잘 할 수 있도록 주로 노변전시 표지판과 벽면부착 표지판에 **"현재 위치**(You Are Here)"를 표기하여 게시한 지도를 말한다.

표준(Standard) 및 표준화(Standardization)

"표준"이란 기준이 되는 것을 의미하고, "표준화"란 표준을 적용하여 표준과 같게 하거나(Standard=Standardization), 편차(±a)를 최소화하여 "0"에 가깝게 되도록 하는 과정 또는 결과를 의미한다.

국제기준(International Standard) 또는 국제표준

"국제기준" 또는 "국제표준"이란 해당 국제학회, 연합회(예: ICA: International Cartographic Association, SEGD: Society for Experiential Graphic Design, IRF:

그림 1.1
방문객과 관광객
용어 개념정리

1. 관광 방문객＝관광객(Tour Visitor＝Visitor for Tour＝Tourist):
   관광, 여행, 관람, 트레킹, 등산 등의 목적
2. 비즈니스 방문객(Business Visitor＝Visitor for Business):
   경기, 회의, 행정, 제품구매, 친선, 사전답사 등의 목적
3. 그 밖의 방문객(Other Visitor＝Visitor for Other)

International Road Federation 등)와 관련 업체협회나 국제기구(예: ISO: International Standard Organization, UNWTO: United Nations World Tourism Organization, UNESCO 등) 및 그 회원들이 이론적, 실무적 측면에서 논의·합의·검증하고, 정부도 공식 인증하여, 학계·업계·정부가 국제적인 적용과 통용을 보편화하도록 한 관련 지침, 규격, 과업추진체계, 시행 방법 등을 의미한다.

길 찾기(Wayfinding)

"길 찾기"란 출발지와 목적지 사이의 길 또는 루트를 결정하고 따라가는 과정을 의미한다(Wayfinding is the process of determining and following a path or route between an origin and a destination).

※ 출처: Golledge, Reginald G. *Human Wayfinding and Cognitive Maps in Wayfinding Behavior: Cognitive Mapping and Other Spatial Processes*. 1999. p. 6.

표준 지도요소(Standard Map Elements)

"표준 지도요소"란 타이포그래픽 표준(Typographic Standards), 공공안내 그림표지(Public Information Graphic Symbols), 지역 색상(Area Colors), 지도 패턴 및 색상(Map Patterns and Colors), 도로·소로 색상과 경계선(Roads·Trails Colors, Boundaries) 등처럼 지도제작(Mapmaking)을 위하여 필요한 지도요소(Map Elements)의 표준을 의미한다.

종합 및 통합(Total & Integration)

아래 그림에서 알 수 있듯이 "종합"이란 동질적이거나 이질적인 것들을 단순히 한곳

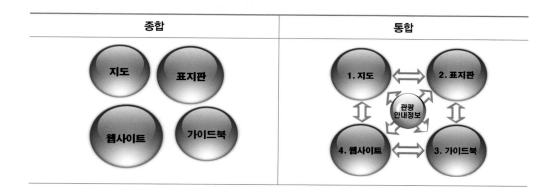

에 모아두는 것을 의미하고, "통합"이란 동질적이거나 이질적인 것들이 고유한 각각의 역할을 수행하면서도 공동목적을 달성할 수 있도록 상호 유기적으로 연계시켜 시너지 효과를 발휘할 수 있도록 한 것을 의미한다.

포지셔닝(Positioning)

"포지셔닝"이란 조직, 제품 또는 서비스를 경쟁 브랜드보다 경쟁우위 목표를 달성할 목적으로 마케팅 믹스를 통해서 고객의 마음 또는 인식의 정확한 위치에 조직, 제품 또는 서비스에 대한 부정적인 생각을 축소, 삭제하게 하고 긍정적인 생각을 지속적으로 강화 · 유지 · 변화시켜 기억시키는 과정을 의미한다.

특히, 관광 · 방문산업 분야의 경우에는 분명하게 차별화(Differentiation)하고, 단순화(Simplification)시킨 콘텐츠의 관광 · 방문안내정보 – 지도, 표지판, 출판물, 전자정보 – 믹스를 통해서 일관성(Consistency) 있게 장기간(Long-term)에 걸쳐서 관광 · 방문객들에게 관광 · 방문관련 조직, 제품 또는 서비스에 대한 경쟁우위를 인식시켜 기억의 위치를 차지하도록 하는 과정을 말한다.

가이드라인(Guidelines) : 관광 · 방문안내지도 제작을 위한 가이드라인

사전적으로 "가이드라인"의 의미는 정부, 지자체 등의 정책이나 시책 따위의 지침을 가리키는 의미이다. 그러나 〈관광 · 방문안내지도 제작을 위한 가이드라인〉의 경우에는 단순히 정책이나 시책 따위의 지침이 아니라 1) 실제로 관광 · 방문안내지도를 제작할 수 있도록 상세 계획수립, 디자인 – 그래픽과 레이아웃, 제작시안 비평 · 수정, 최종 결과물 출력하기까지의 전체 과업과정에 대해서 문안과 비주얼로 구성된 문서자료와 2) 표준 지도요소를 탑재한 실행 프로그램(Toolkit)으로 이루어진 세트를 말한다.

오늘날처럼 컴퓨터를 이용한 작업환경이 일반화되지 않았을 때는 문서로 된 가이드라인을 수립 · 제공하고, 관광 · 방문안내지도 제작과업을 추진하도록 했다. 그러나 문서만으로 된 가이드라인을 적용하여 지도제작 과업을 추진했을 경우에는 지도제작 업체들의 수준이 각기 달라서 일관된 질적 수준의 유지가 어렵고, 브랜드 포지셔닝을 기대하거나 전략을 시행하기가 어렵다. 또한 문서만으로 된 가이드라인에 근거하여 업체별로 실행 프로그램을 각각 구축 · 시행할 경우에는 국가적으로 예산, 인력, 시간손실이 너무나 크다.

현재 구미 선진국들의 정부부처, 지자체, 산하기관, 민간기업, 대학교 등은 반드시 문안과 비주얼 지침을 병기한 가이드라인을 실행 프로그램과 하나의 세트로 구성하여 한정된 관계자들에게만 제공하여 제작에 사용할 수 있도록 하고 있다.

예를 들면, 구미 선진국에서는 국가단위의 관광·방문안내지도 제작을 위하여 표준 지도요소를 Ai로 처리하여 탑재한 실행 프로그램(예: Standard Map Elements를 탑재한 Ai CS4 Format File), 도로 표지판 제작·설치 매뉴얼(예: 미국, 캐나다, 호주, 영국, 독일 스위스 등의 MUTCD: Manual on Uniform Traffic Control Devices), 대학교 아이덴티티, 그래픽, 브랜드 등의 명칭으로 된 문서 가이드라인(예: 미국 Chicago, Harvard, Michigan State, Yale University와 영국 Cambridge, Oxford University의 Identity, Brand, Graphic Guidelines)과 그래픽·레이아웃 디자인 작업을 위한 실행 프로그램(Toolkit)을 세트로 함께 제공하고, 적용·제작하도록 하고 있음을 알 수 있다.

3. 주제지도 공간현상의 네 가지 형태: 흑백 또는 컬러 구현

주제지도는 기본적으로 아래 [그림 1.2]에서 알 수 있듯이 네 가지 형태의 공간 현상으로 이루어지며, 흑백 또는 컬러로 구현한다.

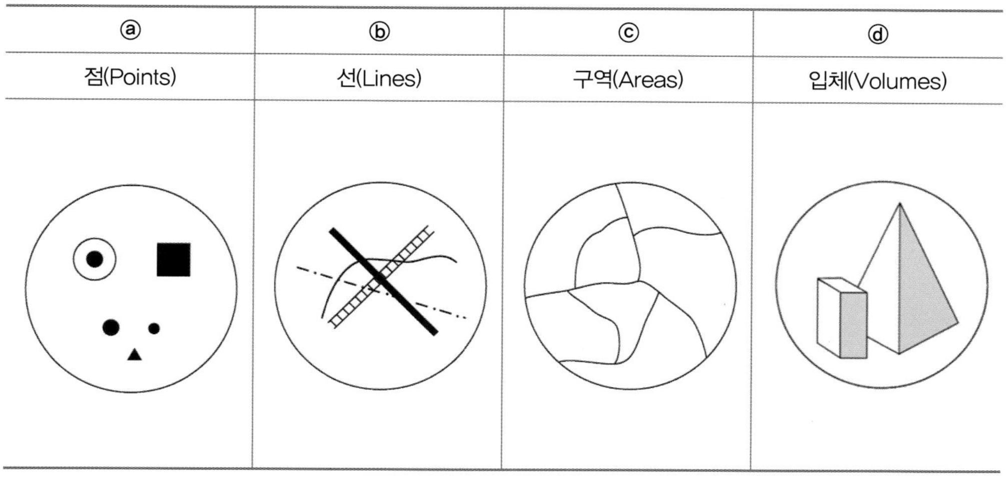

ⓐ	ⓑ	ⓒ	ⓓ
점(Points)	선(Lines)	구역(Areas)	입체(Volumes)

그림 1.2
주제지도 공간현상의 네 가지 형태

※ 참고 : 다음 문헌을 토대로 재작성했다.

Kraak, Menno-Jan, Ferjan Ormeling. *Cartography: Visualization of Spatial Data*. 3rd Edition, 2010. p. 6/Figure 1.5.

MacEachren, Alan M. *How Maps Work: Representation, Visualization, and Design*. 2004. pp. 278~280.

Tyner, Judith A. *Principles of Map Design*. 2010. p. 134.

4. 관광 · 방문안내정보의 통합적 · 국제 표준화 이론 개념도

관광 · 방문안내정보는 아래 [그림 1.3]에서 알 수 있듯이 네 가지 핵심정보인 지도, 표지판, 출판물, 전자정보를 관광 · 방문산업 마케팅 촉진전략 차원에서 각각 기능을 발

그림 1.3 방문객(Visitor)과 관광객(Tourist) 용어 개념정리

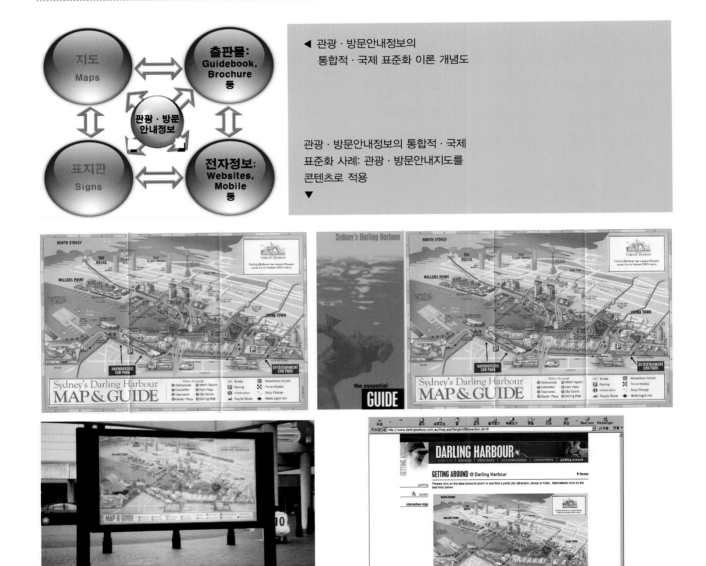

출처: 종이지도 · 표지판 · 가이드북은 2000시드니올림픽을 대비하여 1998년 제작 · 배포를 시작했던 것으로 2003년 저자가 호주 시드니를 직접 방문 · 촬영하여 수집 · 소장한 비공개 자료이며, 전자정보인 웹지도는 웹사이트에서 수집한 것이다.

휘하도록 하고 있으면서도 상호 연계시켜 통합적, 국제 표준화 측면에서 시너지 효과를 극대화할 수 있도록 체계화하여 시행되고 있다. 특히, 지도와 표지판은 길 찾기(Wayfinding)를 위한 핵심매체이고 지도는 표지판의 핵심 콘텐츠의 하나인 관계로 세트로 함께 사업시행을 하도록 해야 한다.

5. 관광 · 방문안내지도 관련 이론적 · 실무적 근간체계: 피라미드 시스템

관광 · 방문안내지도는 커뮤니케이션, 마케팅, 사회조사분석 분야를 토대로 한 광고, 관광 마케팅, 관광안내정보 – 지도, 표지판, 출판물, 전자정보와 밀접하게 깊이 연관되어 있다. 우리 역량을 감안하면 [그림 1.4]에 제시된 이론적 · 실무적 근간체계와 관련한 분야에 대한 체계적이고 통합적인 연구를 깊이 있게 수행한 다음에 수립한 가이드

그림 1.4
관광 · 방문안내지도 제작관련 근간체계의 이해

관광 · 방문안내지도(Tourist · Visitor Maps)

Thematic Cartography : Visitor · Tourist Maps Design 등 관련 Theories, Actual Cases, Guidelines, Mapping Process: Planning · Design · Outputting 연구

관광안내정보 분야(Tourism Information) ↑

① Tourism as Service Industry, ② Users, ③ International Trend, ④ Tourism Marketing, ⑤ Tourism Marketing Promotion, ⑥ Tourism Marketing Promotion Information: Map · Sign · Publication · Website, ⑦ Wayfinding Behavior · Design, ⑧ Information Visualization, ⑨ Integrated · International Standards 등 관련 Theories · Actual Cases · Guidelines, Production Process 연구

광고 분야(Advertising) ↑

Advertising 관련 기반 · 전문연구 : Theories, Cases, Planning · Design · Outputting

■Communications	■Marketing	■Social Research · Analysis
• Mass Communication,	• Marketing,	• Consumer : Behavior, Psychology,
• Mass Media : Newspaper, Magazine, Radio, TV, Sign, Internet,	• Integrated Marketing	• Media : Exposure, Strategy
• Graphic & Editorial Design, • Writing,	• International Marketing,	• Market : Situation, Trend
• Color,	• Integrated Marketing Communications : Promotion 등	• Advertising : Contents, Exposure, Perception, Psychology, Strategy
• Photos,		• Public Relations 등
• Production 등		

라인에 따라서 계획수립, 디자인, 출력해야만 구미 선진국 수준의 관광 · 방문안내지도를 제작 · 서비스할 수 있다.

6. 관광 · 방문안내지도 관련 주요 배경이론, 기반지도, 제작원칙

관광 · 방문안내지도 디자인과 관련한 주요 배경이론은 다음 세 가지다.

관광 · 방문안내지도 관련 주요 배경이론 개념 및 사례

(1) 길 찾기 디자인 이론(Wayfinding Design Theory)

1984년 로메디 파시니(Romedi Passini)가 이론 부분을 정립하여 책을 출판했다. 그 후 무려 8년이나 지난 1992년이 되어서야 천재 디자이너 폴 아더(Paul Arthur)가 동참하여 디자인 부분을 실용화시킨 이후에야 국제적으로 학계와 업계 및 정부로부터 검증받고 구미 선진국에서 적용이 보편화된 이론이다.

- Passini, Romedi. *Wayfinding in Architecture*. 1984.
- Arthur, Paul, and Romedi Passini. *Wayfinding : People, Signs and Architecture*. 1992.

(2) 주제지도 디자인 이론(Thematic Map Design Theory)

주제지도 디자인 이론은 1985년 Borden Dent가 초판을 발행한 이후 현재 6판까지 발행된 책이 가장 권위가 있고 널리 알려져 대학교재와 참고문헌으로 이용이 되고 있다. 참고문헌 목록에서 알 수 있듯이 그 후 Alan M. MacEachren과 Judith A. Tyner에 이르기까지 지도 디자인 분야별로 특색을 지닌 훌륭한 여러 가지 책들이 출판되었다.

- Dent, Borden, Jeff Torguson, and Thomas Hodler. *Cartography: Thematic Map Design*, 6th Edition. 2009.
- MacEachren, Alan M. *How Maps Work: Representation, Visualization, and Design*. 2004.
- Tyner, Judith A. *Principles of Map Design*. 2010.

(3) 통합적 · 국제 표준화 이론(Integrated · International Standardization Theories)

관광 · 방문안내정보의 4대 매체인 종이지도, 표지판, 출판물, 전자정보를 연계한 시

그림 1.5

길 찾기 전략(Way-finding Strategy) 중심 안내지도 사례
목적지까지의 외부 접근경로와 목적건물 내부경로를 컬러로 전략적 처리

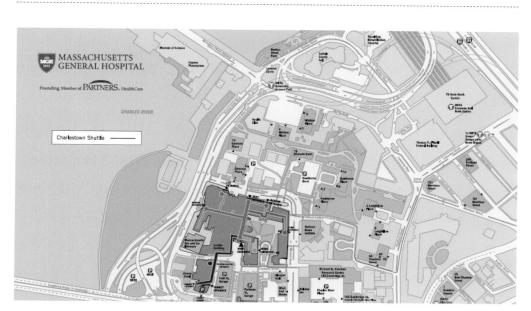

미국 Massachusetts Campus 및 Massachusetts General Hospital 안내지도

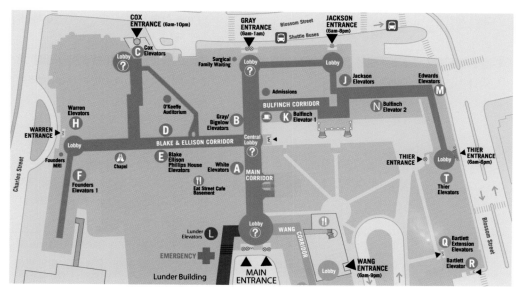

Massachusetts General Hospital 지상 1층 건물내부 안내지도

출처: www.massgeneral.org 및 참고: Gibson, David. *The Wayfinding Handbook: Information Design for Public Places*. 2009. p. 105.

스템과 표준요소를 콘텐츠에 적용하여 국제적으로 통용할 수 있도록 한 이론이다.

- Belch, Georege and Michael Belch. *Advertising and Promotion: An Integrated Marketing Communications Perspective*. 2008.
- Schultz, Don E. *Integrated Marketing Communication: Putting It Together & Making It Work*. 1993.

유니버설 디자인(Universal Design)과 길 찾기 디자인(Wayfinding Design) 이론 비교

Ronald Mace가 1985년 주창했던 "유니버설 디자인 이론"은 국제적으로 디자인 분야에 많은 영향을 주었다. 그러나 아래 〈표 1.2〉에서 알 수 있듯이 1992년 Paul Arthur가 제시한 "길 찾기 디자인 이론"처럼 관광 · 방문안내지도와 표지판 디자인에 대한 구체적인 방안을 제시하지 못하고 있기 때문에 특별히 고려해야 할 사항은 없는 실정이다.

표 1.2 유니버설 디자인 및 길 찾기 디자인 비교

	유니버설 디자인	길 찾기 디자인
1. 주창 연도	1985	1992
2. 주창 및 실행 방안 제안자	Ronald Mace	• Romedi Passini(이론 정립), 1984 • Paul Arthur(구체적인 디자인 실행 방안 제시), 1992
3. 기본개념 및 목적	모든 사람을 위한 디자인 (Design for All) • 접근 및 이용불편 해소 • 불안요인 제거	관광 또는 방문이 가능한 모든 사람을 위한 디자인(Design for the Tourist 또는 Visitor) • 접근 및 이용불편 해소 • 불안요인 제거
4. 핵심 사항	모든 제품, 건축, 환경, 서비스 등에 대한 실용설계 디자인, 설치 또는 생산, 이용	공간 · 환경(Space · Environment)을 고려한 일반 실내외 표지판(Signs) 및 표지판 게시 지도(Maps on Signs) 디자인, 설치, 이용
5. 실행 방안 및 정도	• 일부 법제화 • 휠체어 리프트, 저상 버스, 표지판의 문자크기를 키운 휴대전화 등의 디자인 및 실용 등 • 개념제시뿐 지도에 대한 구체적인 방안제시 없음	• Signs 및 Wayside Exhibits' Maps 제작 디자인을 위한 구체적인 방안제시 및 실용실현 • 북미, 유럽, 호주 및 뉴질랜드 등의 구미 선진국들과 그들과 관련된 남미 국가들 대부분에서 실용을 보편화했음

출처: Arthur, Paul and Romedi Passini. *Wayfinding: People, Signs and Architecture*. 1992. pp. 41～53.

기반지도(Base Map) 유형 및 적용사례

기반지도의 유형은 다음과 같은 두 가지라고 말할 수 있다.

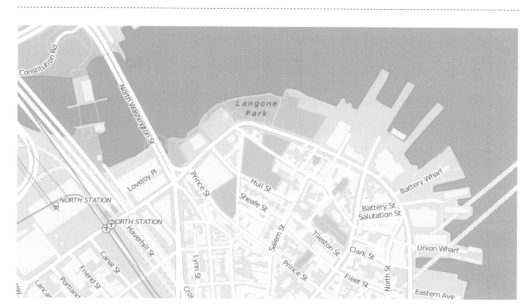

기반지도 사례

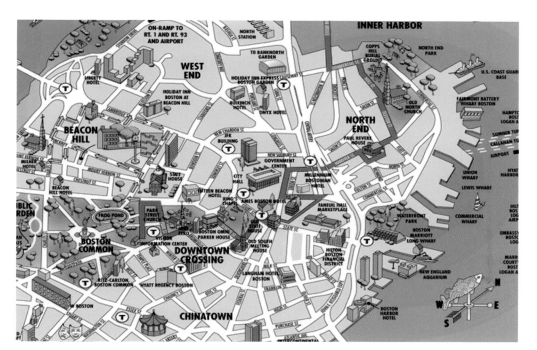

기반지도 적용 관광·방문안내지도 사례

그림 1.6

기반지도(일명: White Map) 및 적용사례
미국 보스턴

① 국토지리정보원, 지자체 등이 제공하는 기반지도가 있는데 국가차원에서 국가, 광역 · 기초 자치단체 단위의 지역행정 · 관리를 위하여 수립 · 제공하는 행정지역 단위 중심의 기반지도이다.

예를 들면, 리, 동, 면, 군, 시, 구, 도, 광역시 등의 행정단위 기반지도가 여기에 해당한다.

② 민간업체, 공공기관 등이 제공하는 기반지도로 민간업체, 공공기관 차원에서 개발과 관리를 위하여 수립 · 제공하는 개발 · 관리지역 단위 중심의 기반지도이다.

예를 들면, 관광단지, 리조트, 쇼핑몰, 대학 캠퍼스, 놀이공원, 현충원 등의 단위 기반지도가 여기에 해당한다.

주제지도 제작원칙(Mapmaking Mantra) 적용

주제지도 디자인 또는 제작과 관련한 모든 문헌과 참고자료에서 하나같이 강조하며 제시하고 있는 내용을 인용하여 제시하면 "간결하고, 명료하며, 읽기 쉽게(Simple, Clear, Easy to Read)", 즉 판독하기 쉽고, 명료하게(Legible and Readable)"이다.

※ 출처: Kealy, Megan. *Mapmaking for Parklands. Information Design: Tools and Techniques for Park-Produced Publications.* 1998. p. 35.

주제지도 제작원칙은 상세 계획수립 단계에서부터 디자인 시안 완성단계에 이르기까지 철저하게 준수해야 하는 원칙이다.

선진 해외사례에서 알 수 있듯이 미국, 캐나다, 영국, 독일, 이탈리아, 스위스, 노르웨이, 호주, 뉴질랜드 등과 같은 구미 선진국들은 하나같이 모두가 제작원칙을 철저하게 지키고 있음을 알 수 있다.

2개 주제항목의 관광 · 방문안내지도: 영국 Cambridge University 사례

주제지도인 관광 · 방문안내지도는 해당주제 하나만을 표시하는 것이 주제지도 개념에 부합하지만 [그림 1.7] 영국 Cambridge University 캠퍼스 안내지도 사례에서 알 수 있는 것처럼 예외적으로 두 가지 주제 – 단과대학과 박물관을 함께 표시한 경우도 있으나 이용자가 혼란을 야기하지 않도록 두 가지 주제를 명확하게 구분하여 기본원칙을 철저하게 준수하고 있음을 알 수 있다.

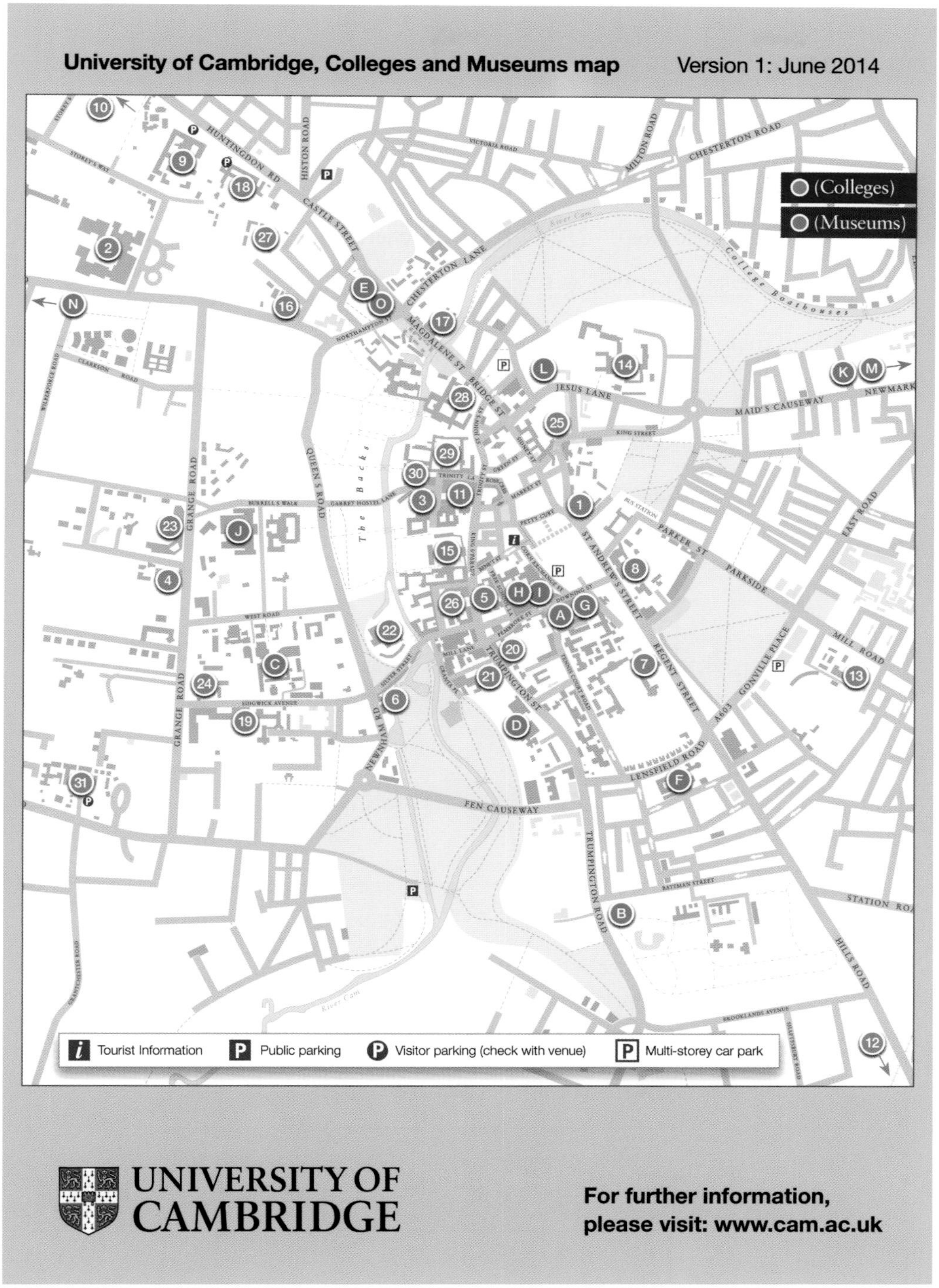

그림 1.7

영국 Cambridge
University 캠퍼스
안내지도 사례

University of Cambridge, Colleges and Museums map — Version 1: June 2014

UNIVERSITY OF CAMBRIDGE

For further information,
please visit: www.cam.ac.uk

7. 지도 분류체계, 관광 · 방문안내지도의 분류기준 및 상호연계

지도 분류체계

[그림 1.8]에 제시한 바와 같이 지도는 크게 지형지도(Reference Map)와 주제지도 (Thematic Map)로 구분하는데 관광 · 방문안내지도는 주제지도의 일종이다.

- 지형지도(Reference Map): 일반목적 지도(General Purpose Map)로 자연지형 및 지물, 고도, 도로, 지역거점 등을 모두 표시한 지도이다.
- 주제지도(Thematic Map): 특별주제나 단일토픽 지도(Special Thematic 또는 Single -topic Map)로 관광명소, 관광코스 · 루트, 숙박업소, 공원, 경기장, 유적지, 동 · 식물원, 특산품 생산지, 교통터미널, 교통통제, 관광 안내소, 등대분포, 캠퍼스, 특정 고궁 또는 건축물 등을 표시한 지도이다.

그림 1.8
지도 분류체계

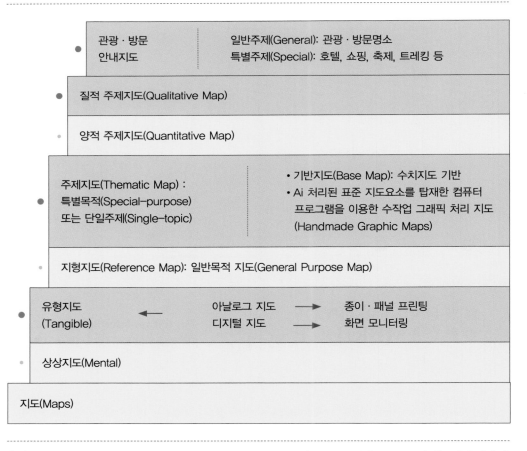

출처: Dent, Borden. *Cartography: Thematic Map Design*. 2009. p. 6의 [Figure 1.3]과 pp. 4~13을 참고하여 다시 작성했다.

● 주제지도의 세 가지 주요 구성요소 : 다음 세 가지, 즉 1) 기반지도: 백지도(White Map), 2) 주제 표시(Thematic Overlay): 관광명소, 관광루트, 관광호텔, 관광특산품 등, 3) 부수 지도요소 세트(A Set of Ancillary Map Elements): 제목, 범례, 표준 지도요소 등이다.

관광·방문안내지도의 분류기준 및 상호연계

관광·방문안내지도의 분류기준은 기능, 매체, 주제, 지역범위, 형태, 색상, 연계, 용도 등에 따라서 다양하게 분류할 수 있다. 그런데 하나의 지도를 완성하기 위해서는 아래 [그림]에서 알 수 있듯이 여러 가지 분류기준을 복합적으로 적용하는 것이 일반적이다. 이 책은 두 가지 기능, 세 가지 매체에 적용할 수 있는 네 가지 지도제작을 할 수 있도록 수립했는데 구체적으로 기술하면 다음과 같다.

① 기능(Functions): 대상의 위치, 전체 모음안내

② 매체(Media): 종이, 노변전시 및 벽면 표지판, 웹

③ 주제(Topics): 관광명소, 교통, 숙박, 식음, 축제, 산책, 코스 드라이빙, 박물관 등

④ 지역범위(Area Sizes): 광역, 권역, 단위지역

⑤ 형태(Types): 평면, 혼합, 입체

⑥ 색상(Colors): 흑백, 컬러

⑦ 연계(Connecting): 쌍방향, 해설 표지판

⑧ 용도(Use): 실용, 관광·방문 기념품 등

특히 지역규모와 형태가 결합된 경우에는 권역에서 광역으로 갈수록 혼합지도에서 평면지도로, 권역에서 단위지역으로 갈수록 혼합지도에서 입체지도로 계획·제작하는 경향이다. 그런데 최근에는 전자매체의 발달로 일러스트로 제작한 혼합이나 입체지도보다는 실물사진을 연계한 인터랙티브 지도가 국제적으로 보편화되고 있다.

| 지역기준 | 광역지도 | 권역지도 | 단위지역지도 |
| 형태기준 | 평면지도 | 혼합지도 | 입체지도 |

8. 지형지도(Reference Map)와 관광 · 방문안내지도의 표기항목 및 특성 차이

아래 [그림 1.9]에서 제시한 지형지도와 주제지도인 관광 · 방문안내지도는 [그림 1.6]
에서 알 수 있듯이 확연하게 차이가 있음을 알 수 있다. 따라서 지도제작을 할 때는 명
확하고, 분명하게 표기해야 한다. 다시 말하면, 지형지도는 해당지역에 있는 그대로의
모든 지형지물과 그 색상을 반영하여 표시한다. 그러나 주제지도인 관광 · 방문안내지
도의 경우에는 해당 주제만을 표시해야 하고, 색상을 표현할 경우에는 조사 · 분석결
과에서 찾아낸 컬러를 근거기준으로 대상이나 지역 정체성이나 진흥전략을 고려하여
한정된 컬러만으로 표현해야 한다.

　지형지도와 주제지도인 관광 · 방문안내지도의 주요 항목표기 및 특성에 대한 차이

그림 1.9
지형지도 사례

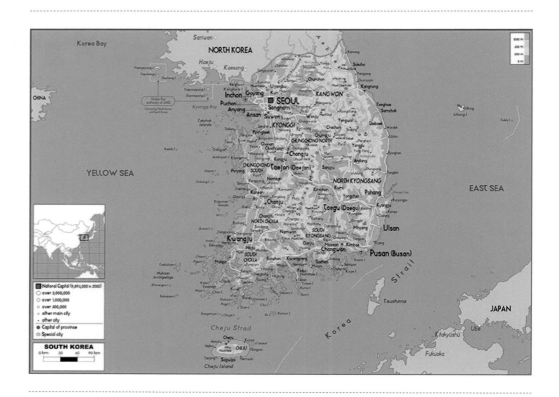

표 1.3 지형지도와 관광 · 방문안내지도의 표기항목 및 특성 비교

표기항목 비교	지형지도	관광 · 방문안내지도
① 자연지형 · 지물	바다, 강, 호수, 산 등 모두	바다, 강, 호수, 공원 등 소수
② 주제	인구규모 등을 포함 모든 항목	관광 · 방문해당 주제 한정
③ 도시 명칭	있는 대로 다수	경우에 따라서 소수
④ 랜드마크	있는 대로 다수	관광 · 방문명소 + 길 찾기
⑤ 교통 루트	고속도로, 철도 등 모두	경우에 따라서 고속도로 등
⑥ 지역 경계	있는 대로 다수	경우에 따라서 한정
⑦ 고도	단순 색상 음영 이용	특별한 경우에 한정
⑧ 컬러	현재 있는 자연 컬러	정체성 또는 전략적 컬러

를 요약하여 제시하면 〈표 1.3〉의 내용과 같다.

9. 관광 · 방문안내지도, 표지판, 웹사이트의 연관관계

오늘날 관광 · 방문안내지도는 매체의 발달에 따라서 아날로그 제작방식의 종이지도, 노변전시 및 벽면부착 표지판 게시 패널지도 그리고 디지털 방식으로 출력하여 모니터를 통해서 볼 수 있는 전자지도로 구분할 수 있다.

비록 매체는 다르다고 할지라도 형태와 콘텐츠는 같고, 규격과 컬러에 다소의 차이가 있을 수 있다고 하더라도 종이지도를 기반으로 각각의 매체에 적합한 지도를 계획하고 디자인하여 출력하여 사용할 수 있도록 하는 것이 일반적이다. 물론, 반대로 전자지도를 기반으로 종이지도와 패널지도를 출력시켜 사용할 수도 있다.

그런데 관광 · 방문안내지도는 표지판과 웹사이트 핵심 콘텐츠의 하나다. 그러므로 각각 분리해서 제작 · 사용하는 것은 우선, 오늘날과 같이 교통 · 통신이 발달한 국제화 시대에서 요구되고 있는 통합적 · 국제 표준화 체계에 전혀 적합하지 못하고, 경제적인 손실도 크기 때문에 적합하지 못하다.

그러므로 종이지도, 표지판, 출판물, 전자정보(웹사이트, 모바일 등)는 통합적으로 연계하여 시너지 효과를 극대화할 수 있도록 해야 한다.

10. 관광·방문안내지도 표준 가이드라인 수립을 위한 연구체계

우리는 구미 선진국들의 정부부처, 지자체, 대학교, 기업 등과는 달리 관광·방문안내지도 제작을 위한 표준 가이드라인을 제대로 수립·시행하거나 필요성을 인식하고 있는 곳을 거의 찾아볼 수가 없는 매우 열악한 환경에 있고, 전문연구에 대한 인식도 역시 미흡하여 악순환이 계속되고 있는 실정이다.

[그림 1.10]에서 알 수 있듯이 우리나라의 경우, 구미 선진국들과 비슷한 수준의 그래픽 디자인 역량은 갖고 있으나 관광·방문안내지도 제작에 대한 이론적 및 실무적

그림 1.10
관광·방문안내지도 표준 가이드라인 수립 연구 기본체계

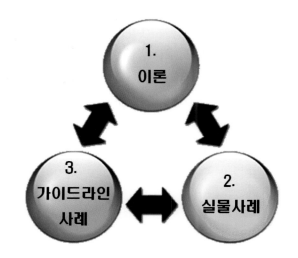

1. **이론(Theories) 연구**
   ① 이론 1: Basic Map Design Textbooks(유료판매)
   ② 이론 2: Professional Literatures(유료판매)
2. **실물사례(Actual Examples) 연구 : 특별 노하우 등 내재**
   ① Paper Maps(무료제공·유료판매)
   ② Maps on Wayside Exhibits & Signs(무료공개)
   ③ Web Maps(무료공개)
3. **가이드라인 사례(Guidelines Examples) 연구**
   ① 선진 가이드라인 사례1 : 상세 계획수립 자료, Standard Map Elements
      (선진국 민간업체들의 비공개 자료)
   ② 선진 가이드라인 사례2: Wayside Exhibit & Sign Maps Guidelines
      (시력약자 관련, 공개자료)
   ③ 선진 가이드라인 사례 3: ISO Standards-Public & Safety Graphical
      Symbols Colors Guidelines(유료판매)
   ④ 선진 가이드라인 사례 4: 구미 유명 대학교, 공공기관 Identity Guidelines
      (문서 가이드라인 대부분 공개, 실행 프로그램 대부분 비공개)

관광·방문 마케팅 믹스 Tourism·Visiting Marketing Mix : 4Ps	관광·방문 마케팅 프로모션 믹스 Tourism·Visiting Marketing Promotion Mix	관광·방문 마케팅 프로모션 인포메이션 믹스 Tourism·Visiting Marketing Promotion Information Mix: Media and Contents
• Product • Place • Price • Promotion ➡	• Sales Promotion • Personal Selling • Public Relations • Publicity • Advertising • Information ➡ ➡	• Map • Sign • Publication: Guide 등 • Electronic: Web 등

그림 1.11

관광·방문 마케팅, 프로모션, 인포메이션 믹스: 통합적 시스템

출처: Jugenheimer, Donald W. *Advertising Media: Strategy and Tactics*. 1992.

Parente, Donald. *Advertising Campaign Strategy*. p. 193/Figure 7-6: Relationship among the Marketing, Promotion, and Advertising Mix 기반 재작성

측면의 전문지식과 노하우 기반은 극히 취약하다.

그런데 구미 선진국들 수준의 가이드라인을 수립·시행할 수 있도록 하려면 [그림 1.10]에서 제시하고 있는 세 가지 분야, 즉 관련 이론, 실물사례, 가이드라인 사례에 대한 철저한 연구를 했을 때만이 가능하다.

다만 글로벌 기업을 지향하는 우리 대기업의 경우는 구미 선진국들의 글로벌 기업과 비교하면 많이 미흡하지만 기업 아이덴티티 가이드라인을 수립·시행하고 있는 정도이다.

[그림 1.10]에서 알 수 있듯이 구미 선진국들은 우리가 필요한 핵심정보를 공개하지 않고 있기 때문에 문서자료에서는 찾아볼 수 없는 방안을 실물사례와 관련 가이드라인에 대한 조사·분석을 실시해서 밝혀내어 표준 가이드라인을 수립·시행하는 방법 외에 다른 방법은 없다.

그런데 우리나라에 진출한 구미 선진국들의 글로벌 기업들은 물론이고, 대학교들까지도 [그림 1.11]의 통합적 국제 표준화 측면에서 브랜드 포지셔닝 전략(Brand Positioning Strategy)을 시행하기 위하여 가이드라인을 수립·시행하고 있음을 인터넷 검색으로 쉽게 확인할 수 있다.

물론, 선진국들의 정부, 기업, 대학교들까지도 관광 · 방문안내지도 표준 가이드라인과 관련한 문서자료는 전략노출을 우려해서 거의, 특히 전문 지도제작 업체는 전혀 공개하지 않고, 실물자료만을 유 · 무료 형태로 공개하고 있다. 이러한 사실은 서울 시내 대형서점의 관광 · 방문안내지도와 가이드북 판매 코너와 구미 선진국의 주한 관광청에서 배포하고 있는 자료를 통해서도 언제든지 쉽게 확인할 수 있다.

11. 관광 · 방문안내지도 제작 국제기준

관광 · 방문안내지도 제작을 위한 국제기준이나 표준은 일반적으로 알고 있는 국제표준화기구(ISO) 표준과는 많은 차이가 있다. 공공안내 그림표지의 경우, 일치하는 부분은 그래픽 심벌(Graphic Symbol), 해당용어(Terminology), 컬러(Color) 정도다. 따라서 국제표준화기구가 관광 · 방문 안내지도 제작에 적용할 수 있도록 국제표준으로 제정 · 서비스하고 있는 공공안내 그림표지는 30가지 정도에 지나지 않는다.

그리고 관광 · 방문안내지도를 제작할 때는 국제적인 통용을 고려하여 통합적 · 국제표준화를 고려해야 하고, 동시에 문화의 다양성을 반영하는 것도 중요한 사안이기 때문에 가장 중요한 국제기준은 지도제작과 관련한 학자와 제작실무 전문가 회원들을 주축으로 구성된 국제 지도제작 학회가 제안 · 논의 · 검토 · 제정하여 국제적으로 통용하도록 하고 있는 기준이 무엇보다 중요한 국제기준이다.

또한 관광 · 방문안내지도 제작을 위한 국제기준으로는 지도제작 과정(Map Making Process), 컬러화하기(Colorization), 커버의 통합적 표준화(Cover's Integrated Standardization) 등을 사례로 들 수 있는데 자세한 내용은 해당 부분에서 각각 기술할 것이다.

12. 관광 · 방문안내지도 제작과업 추진과정

관광 · 방문안내지도를 제작할 경우 [그림 1.12], [그림 1.13]에서 제시한 것과 같이 5단계 과정에 따라서 과업을 추진하는 것이 일반적인 국제기준이다.

보다 상세한 내용은 제2장 계획수립 부문에 기술하였다.

그림 1.12
지도제작 과정

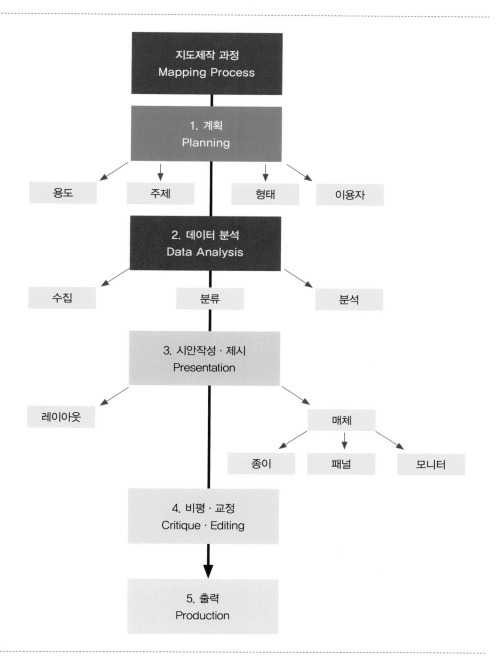

참고: Tyner, Judith A. *Principles of Map Design*, 2010. p. 12의 Figure 1.8을 기반으로 번역·재정리했다.

그림 1.13
지도제작 과정

가이드라인(지침) 및 조사결과 반영 →	국제기준 적용 과업추진	추진단계
	발주기관(지자체 등) 과업발주: 과업지시서(대상 지역, 목적, 이용자, 크기, 축척 등) 첨부	1
1. 국제기준을 토대로 수립한 국가단위 또는 제작업체의 가이드라인이나 지침을 반영 →	지도제작 상세계획 수립 by 과업지시서 • 상세 계획수립 – 계획수립 전문가 (※ 선진국 정부 및 업체의 자료 비공개) 예: 건물신축 설계도면 작성	2 ↓↑
2. 발주기관과 현지 조사를 실시하여 도출결과를 반영 예: 컬러화하기 근거 컬러 등	지도시안 제작 by 지도제작 상세계획 • 그래픽 디자인 작업 – 그래픽 전문가 예: 설계도면에 의한 건물시공	3 ↓↑
	지도시안 비평 · 수정 by 지도제작 상세계획 • 비평 · 수정 – 계획수립/그래픽 전문가 예: 시공 완료한 건물을 설계도면을 근거로 감리	4 ↓↑
	종이, 표지판 게시, 웹지도 출력원판 완성	5

- 1단계: 정부부처, 지자체 등의 발주기관이 지도제작 과업을 발주
- 2단계: 과업수주 업체나 개인이 계획수립 전문가로 하여금 지도제작을 위한 상세계획수립

※ 참고 : 조사결과에 의하면, 국내에서는 그동안 관광 · 방문안내지도 제작법에 대한 교육을 제대로 받거나 연구를 하지 않은 그래픽 및 레이아웃 디자이너들에 의해서 대부분 제작과업이 주도되어 왔다. 또한 주제지도 제작을 위한 가이드라인이 어떤 것인지도 전혀 모르고, 주제지도 디자인 개론서 한 권도 읽지 않은 사이비 연구자들이 전문가라고 국가단위 가이드라인 수립을 분탕질하는 바람에 오도되었다. 이렇게 된 근본적인 이유는 구미 선진국들처럼 국제기준에 근거한 계획수립 자체를 몰랐고, 구미 선진국의 정부부처와 관련기관, 특히 민간업체들 모두가 전략과 노하우 노출을 우려하여 비공개로 일관해 왔던 관계로 상세 계획수립과 과업추진과정 자체를 알 수가 없어 계획수립을 하지 않고 적당히 과업추진을 해왔기 때문이다. 이런 점들이 바로 우리나라 관광 · 방문안내지도가 선진국 수

준으로 발전하지 못한 가장 큰 문제점이다.

- 3단계: 지도제작 그래픽 전문 디자이너로 하여금 반드시 계획수립 전문가가 수립
  한 상세 계획에 따라서 그래픽 디자인 작업을 시행
- 4단계: 지도제작 그래픽 전문 디자이너가 완성한 시안을 상세 계획수립 전문가가
  평가하고, 그래픽 전문 디자이너가 수정 · 보완하여 완료
- 5단계: 출력전문 업체에서 출력완료

13. 관광 · 방문안내지도 계획수립과 디자인 단계 및 주요항목

관광 · 방문안내지도는 국립지리정보원 등이 제공한 원본 기반지도(Original Base Map)를 바탕으로 용도에 부합하고, 콘텐츠가 정확하며, 지역의 정체성을 잘 표출시켜 예술적 수준(Artistic Level)으로 아름답게 하되, **"간결하고, 명료하며, 읽기 쉽게** (Simple, Clear, Easy to Read)"라는 지도제작 원칙(Mapmaking Mantra)에 부합하도록 [그림 1.14] 시카고 사례와 같이 계획수립 · 디자인, 출력해야 한다. 계획수립 · 디자인 단계의 주요 항목에 대한 검토 · 결정 단계를 8단계로 나누어 기술하면 다음과 같다.

- 1단계: 지역(Site)
  지역 결정은 관광 · 방문안내지도의 제작을 위한 첫 번째 항목이다.
- 2단계: 용도(Purpose 또는 Use)
  새로운 지도를 계획할 때는 분명한 용도를 설정하는 것이 두 번째로 중요한 항목이다. 지도는 적당하게 처리하는 그래픽 해결방안이 아니라 용도에 따라서 다양한 지도를 계획 · 디자인 · 출력할 수 있도록 해야 한다.
- 3단계: 이용자(User as Tourist 또는 Visitor)
  광역, 권역 등에 산재해 있는 관광자원 또는 시설 등을 소개하는 지도의 이용자인 일반 관광 · 방문객(General Tourist · Visitor)과 특별한 경관, 시설물 등을 보고자 실제상황에 놓여 있는 노변지도의 이용자인 보행 관광 · 방문객(Pedestrian Tourist · Visitor) 및 자전거, 크루즈, 등산 등과 같이 추구하고자 하는 특수목적 등에 따른 특별 관광 · 방문객(Special Tourist · Visitor)인가를 고려해서 과업을 추진해야 한다.

그림 1.14 사례 비교 1: 공식지도

우수 사례: 미국 시카고(North Side, 2010. 12) 관광 ·
방문안내지도의 제반특성을 잘 표출한 사례 ▶

개선 불가피 사례 : 서울(2015. 02 말)
• 관광 · 방문안내지도 제작원칙 무시하여 정체성 표
  현 완전상실
• 다수 주제표기(명소, 지하철, 관광안내소, 호텔, 쇼
  핑상가, 카지노 등)와 수록정보 과다로 혼잡
• 혼합지도 장점 상실
• 그래픽 디자인 실종 등
▼

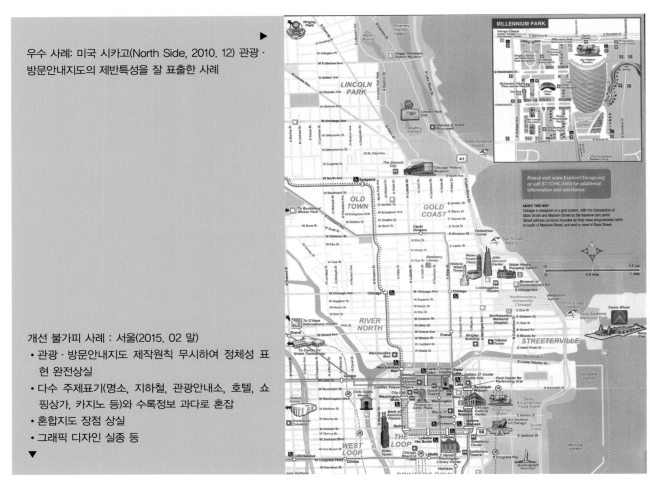

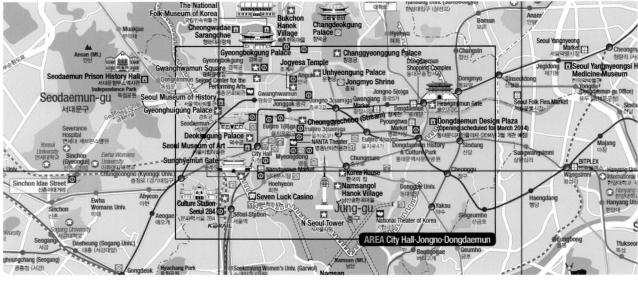

부산시 사례
- 정보과다
- 원본 기반지도 훼손으로 지도 기능상실
- 타이포그래피 표준 등과 같은 표준 지도요소 적용 상실
- 입체지도 부적합 등

광역/입체

그림 1.15
언어병기 및 정보과다 표기 사례
부산, 여수, 경주
(2011.09 현재)

여수시 사례
- 불필요한 정보과다
- 국·영문 표기 병기
- 타이포그래피 표준 등과 같은 표준 지도요소 적용 상실
- 국·영문 표기 오류
- 그래픽 디자인 수준 저급 등

광역/혼합

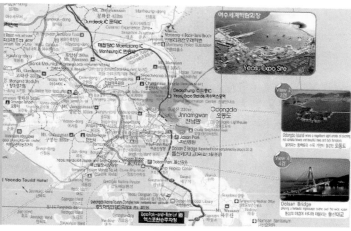

경주시 사례
- 정보과다
- 원본 기반지도 훼손으로 지도 기능 상실
- 타이포그래피 표준 등과 같은 표준 지도요소 적용 상실
- 입체지도 수준 저급 및 용도 부적합 등

광역/입체

그림 1.16 사례 비교 2: 실용 부적합 및 관광 · 방문 기념품용 지도(Gift Map)

◀

원본 기반지도 왜곡 사례: 정읍(2011.09)
우리나라 대부분의 지자체들 사례에서 볼 수 있는 것으로 원본 기반지도의 왜곡과 목적성, 정확성, 정체성 등이 크게 훼손되어 실용하기에 부적합한 지도

관광 · 방문 기념품용 사례: 캐나다 밴쿠버(2009.12)
관광 · 방문지의 이미지를 느낄 수 있도록 기념품용으로 제작 · 판매하고 있는 지도

▶

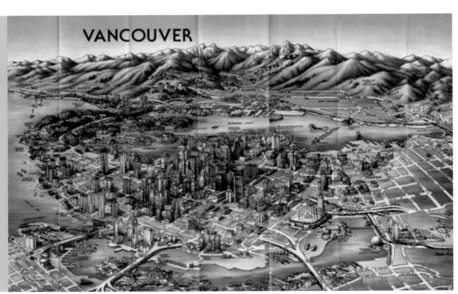

출처: 밴쿠버 관광 · 방문 기념품용 종이지도는 직접방문 구입 · 소장하고 있는 자료이다.

- 4단계 : 제목 및 부제목(Title and Subtile)

- 5단계 : 지도 규격 및 축척(Size and Scale)

  지도 규격과 축척은 지도의 레이아웃이 가능한 공간, 지리적 지역 및 콘텐츠, 지도의 용도를 토대로 결정한다. 그리고 지도는 최종 출력지도와 같은 풀 사이즈로 계획 · 디자인하고, 용도에 따라서 출력하도록 해야 한다.

- 6단계 : 레이아웃(Layout): 디자인 편집 구상

  - 지도 속에 불필요한 정보를 표기하여 복합용도로 사용하기 위한 또 다른 지도를 그려 넣지 않도록 하고, 편집을 위한 요소들이 조화를 이룰 수 있도록 해야 한다.

  - 어수선함을 증폭시키는 관련성이 없는 정보의 표기를 피해야 한다.

  - 원본 기반지도를 왜곡하지 않도록 해야 한다.

- 7단계: 방향(Orientation) : 북쪽 방향 화살표(North Arrow)

  일반적으로 종이지도는 위쪽을 북쪽으로, 표지판 게시 지도는 보는 관광객이나 방문객이 바라보는 방향을 중심으로 북쪽방향을 표시해야 한다.

- 8단계: 콘텐츠(Contents)

  지도에 포함시킬 지리적 정보수량과 질적 수준을 결정해야 한다. 이 시점에서는 디자인 결정이 아니라 오히려 정보적 선택 문제이다. 이들 수록할 선택된 정보와 표준 지도요소 및 컬러화하기를 할 때는 용도와 진흥전략에 관련이 있음을 명확하게 보여주어야 한다. 수집한 지도관련 모든 정보는 출판물, 표지판, 전자정보매체의 표기와 통합적 표준화 표기를 하도록 해야 한다.

14. 관광 · 방문안내지도의 용도: 실용기준

관광 · 방문안내지도는 [그림 1.17]에서 제시한 사례에서 알 수 있듯이 세 가지, 즉
1) 실용 · 기념품 겸용, 2) 실용, 3) 기념품 전용으로 나눌 수 있다.

그림 1.17

관광 · 방문안내지도
의 용도별 사례 : 뉴욕,
로마, 시드니

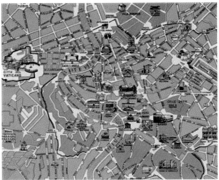

※ 뉴욕 시드니 유료판매

15. 관광·방문안내지도와 지리정보시스템 정보

지리정보시스템(GIS)을 통해서 취득한 정보를 관광·방문안내정보에 활용하는 것이 점차 보편화되어 가고 있는 것이 국제 트렌드이다. 그러나 아무리 좋은 정보라고 할지라도 적합하지 않다면 효과를 얻기가 어렵기 때문에 유의해야 한다.

정확한 입체지도, 트레킹지도 제작 등에 지리정보시스템을 통해서 얻은 정보를 활용한다면 아래 사례에서 알 수 있듯이 정확하고, 매력적이며, 생동감 있는 지도를 제작할 수 있을 것이기 때문에 활용이 더욱 확대될 것이다.

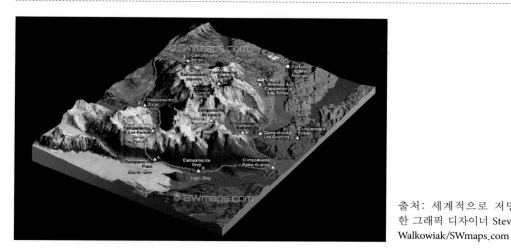

그림 1.18

지리정보시스템 이용 지도제작 사례 1: 칠레 트레킹, 스위스 하이킹 지도

출처: 세계적으로 저명한 그래픽 디자이너 Steve Walkowiak/SWmaps.com

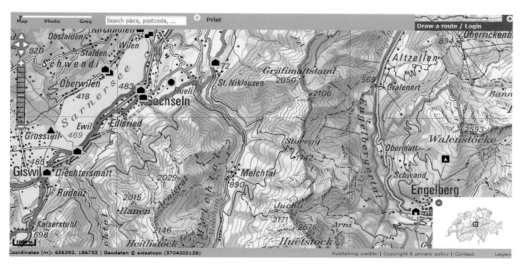

그림 1.19 지리정보시스템 정보이용 지도제작 사례 2

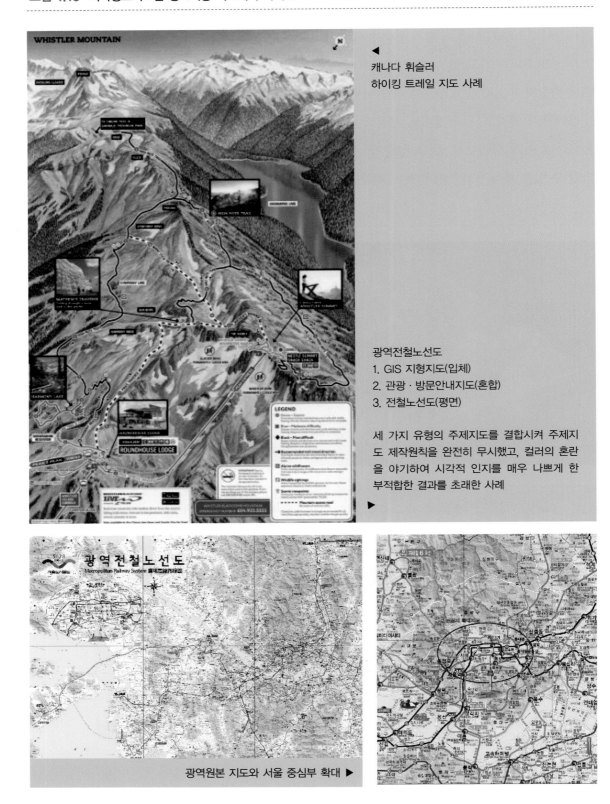

캐나다 휘슬러
하이킹 트레일 지도 사례

광역전철노선도
1. GIS 지형지도(입체)
2. 관광·방문안내지도(혼합)
3. 전철노선도(평면)

세 가지 유형의 주제지도를 결합시켜 주제지도 제작원칙을 완전히 무시했고, 컬러의 혼란을 야기하여 시각적 인지를 매우 나쁘게 한 부적합한 결과를 초래한 사례

광역원본 지도와 서울 중심부 확대 ▶

16. 선진 관광·방문안내정보 및 지도의 핵심·필수 요건

관광·방문객에게 영향을 주는 관광·방문안내정보의 핵심요건은 세 가지인 것으로 조사결과 밝혀졌고, 선진 관광·방문안내지도가 갖추어야 할 7가지 핵심·필수요건도 함께 갖추어야 하는데 요약하여 제시하면 [표 1.4]의 내용과 같다.

표 1.4 선진 관광·방문안내정보 및 지도의 핵심·필수 요건

정보	① 정확성(Accuracy): 지리적, 콘텐츠 표기요소의 정확성 확보
	② 일관성(Consistency): 표기요소의 통합적 표준화로 일관성 확보
	③ 효용성(Availability): 실제 이용의 효용성 확보

출처 : Hawaii Tourism Authority. *Hawaii Tourism Strategic Plan 2005–2015*. p. 22

지도	① 이론적, 실무적 측면에서 국제적으로 검증된 개념정의에 부합 : "흥미 있는 곳과 경관을 경험하고자 방문하기를 원하는 관광객에게 중점 또는 계획사안과 유관한 오직 하나의 주안점에 대한 공간적인 분포나 위치를 알려주기 위하여 평면, 혼합, 입체 형태로 고안된 단일주제의 지리적 지도이며, 기반지도에 주제와 관련된 오버레이 및 부수적인 지도요소들을 적용하여 분명하고 매력 있으며 읽기 쉽게 제작한 지도"
	② 계획수립·디자인 기본원칙을 준수 : "간단, 명료하고, 읽기 쉽게(Simple, Clear, Easy to Read)"라는 기본원칙을 준수
	③ 정확성 확보 : 국토지리정보원 등에서 제공하고 있는 일명 백지도라고 불리고 있는 기반지도를 반드시 채택·적용, 정확한 콘텐츠 요소 표기
	④ 과학적이고 객관적으로 검증된 명확한 근거기준을 제시·적용
	⑤ 국제적인 통용 : 구미 선진국들의 관련 학회, 업계, 정부가 함께 검증하여 실제적용하고 있는 근거기준과 표준 지도요소를 적용하여 국제적으로 통용
	⑥ 정체성의 명료한 표출 : 지역, 단체, 행사 등의 정체성을 명료하게 표출
	⑦ 예술적 수준 : 인위적인 그래픽 처리에 의한 것이 아니라 원칙을 준수함으로써 표출된 예술적 수준의 자연스러운 아름다움

17. 관광·방문안내지도 제작 계획수립 및 평가 표준항목

관광·방문안내지도 제작을 위한 계획수립과 평가를 하려고 할 경우 기준 항목은 [표 1.5]에 요약 제시한 내용과 같다.

표 1.5 관광 · 방문안내지도 제작계획수립 및 평가기준 항목

	항목	세부 내역
1	계획수립(Planning)	자료조사 · 분석결과 근거기준을 연계하여 시안제작을 위한 상세 계획수립
2	개념(Concept)	관광 · 방문안내지도 개념 적합
3	기반지도(Base Map)	기반지도 적용: 국립지리정보원 등이 제공하는 기반지도
4	제작원칙 (Mapmaking Mantra)	"간단하고, 명료하며, 읽기 쉽게(Simple, Clear, Easy to Read)" 적용: 읽기 쉽고(Legible), 명료한(Readable)
5	목적(Purpose): 용도	① 실용, ② 실용 겸 관광 · 방문 기념품, ③ 관광 · 방문 기념품
6	이용자(User)	① 시력약자 · 정상인, ② 언어별
7	제목(Title)	① 제목(Title), ② 부제목(Subtitle)
8	지역범위(Site)	① 대규모: 광역(예: 서울광역시), ② 중규모: 권역(예: 기초지자체 등), ③ 소규모: 단위지역 및 시설(예: 이태원, 경복궁 등)
9	규격(Size) · 축척(Scale)	① 크기(Size), ② 축척(Scale)
10	형태(Formats)	형태(평면, 혼합, 입체), 주제별 적합
11	콘텐츠 구상 1: 언어적 요소 (Verbal Elements)	① 표준 용어(Standard Words), ② 표준 표기법 · 스타일 (Notation · Style): i) 구두부호(Punctuation), ii) 메카닉스(Mechanics), iii) 약어(Abbreviations), iv) 국어의 로마자표기, v) Halos, Masks, Callouts, ③ 언어정보 위계(Verbal Information Hierarchy), ④ 언어정보 수량(Verbal Information Amounts): 관광명소(Attractions), 랜드마크(Landmarks), 도로명칭, 노선번호 등
	콘텐츠 구상 2: 시각적 요소 (Visual Elements)	① 타이포그래픽 표준 요소(Typographic Standard Elements), ② 선(Lines): 지역경계 등, ③ 그래픽 심벌(Graphical Symbols): 국제 · 국가 · 지자체 표준 그림표지 ※현재 위치(You Are Here) 표시: Wayside Exhibit & Sign Maps의 경우, ④ 일러스트(Illustrate) 수준, ⑤ 사진(Photography): 콘셉트 적합, 해상도, 최소규격, ⑥ 시각적 위계와 균형 및 조화(Visual Hierarchy, Balance, and Harmony), ⑦ 시각적 정보 수량(Visual Information Amounts), ⑧ 지도 연계확장 체계(Maps Connecting Extension System)
	콘텐츠 구상 3: 컬러화 하기(Colorization) 및 해상도(Resolution)	① 지리적 시각화(Geovisualization): 지표면 ② 그래픽 심벌(Graphical Symbols): 표준 지도요소 ③ 표지(Covers): 통합적 표준화, 관광 · 방문 진흥전략 ④ 해상도(Resolution)
	콘텐츠 구상 4: 표지(Covers) - 그래픽	① 관광 · 방문안내정보의 통합적 표준화(Integrated Standardization), ② 관광 진흥전략(Tourism Promotion Strategy): 장기 캠페인(Long-Term Campaign)
12	제작 소재(Materials)	① 내구성 : 종이, 패널, 모니터, ② 편의성: 휴대, 제작
13	기타(Other)	① 범례(Legend), ② 방위(Orientation), ③ 거리(Distance), ④ 색인(Index)

출처: 관련 참고 문헌 및 자료들을 토대로 작성했다.

02

계획수립 · 디자인,
출력, 해상도, 저작권

관광 · 방문안내지도는 국토지리정보원 등이 제공한 원본 기반지도 (Original Base Map)를 바탕으로 용도에 부합하고, 콘텐츠가 정확하며, 지역의 정체성을 잘 표출시켜, 예술적 수준(Artistic Level) 으로 아름답게 하되, "간결하고, 명료하며, 읽기 쉽게(Simple, Clear, Easy to Read) : 판독하기 쉽고, 명료하게(Legible and Readable)"라는 지도제작 원칙(Mapmaking Mantra)에 부합하도록 계획 · 디자인 · 출력해야 한다.

1. 지도제작: 상세 계획수립과 디자인(그래픽) 작업 부문

지도제작(Mapmaking)을 계획수립 부문과 디자인(그래픽) 작업 부문으로 명확하게 구분하여 기술하는 것은 다소의 무리가 있을 수 있기 때문에 이해와 활용이 쉽도록 함께 기술했다. 계획수립 주요 요소는 지역범위, 용도, 이용자 기준 및 표기언어 결정, 제목, 축척 · 크기, 구성, 방향, 내용, 표준 관광 · 방문안내지도의 연계 시스템 구축, 기본 · 표준 관광 · 방문안내지도의 연계 · 확장에 대한 내용을 검토 · 결정해야 하는 것인데, 이론적, 실무적인 측면 모두를 기술하면서도 실무적 측면에 무게 중심을 두고 기술하려고 했다.

지역(Site) 범위

매핑 지역 크기, 축척, 수록정보 수량, 출력 실물지도 크기, 표현 방법 등과 밀접한 관련이 있는 관계로 지역범위를 적절하게 결정해야 한다.

- 광역: 국가, 지자체 전역
- 권역: 지자체 내의 행정구역, 국립공원 지역 등
- 단위지역(단위시설 포함): 공원, 동 · 식물원, 박물관, 성곽 등

사용목적(Purpose) : 용도

- 일반용도 : 주요 관광명소 또는 시설 등을 중심으로 안내
- 특정용도 : 특정 주제 또는 토픽 중심으로 안내

이용자(Users : 관광객 또는 방문객)

이용자는 언어, 장애, 연령, 목적 등에 따라서 분류할 수 있다. 그런데 내국인용의 관광 · 방문안내지도에 편의성과 경비절약 등의 명분으로 서울 사례(그림 1.14 아래 그림)와 여수 사례(그림 1.15 가운데 그림)처럼 외국어를 병기하는 제작방식은 탈피하도록 해야 한다.

제목 및 부제목(Title & Subtitle)

문안, 글꼴, 크기, 색상, 위치 등을 고려해야 하며, 표기 위치에 대해서는 이 책에서 제

시한 지침과 사례 내용을 참고하여 합리적으로 결정을 하면 될 것이다.

- 타이포그래피 : 타이포그래피 표준은 정체성과 정보위계를 표현하는 중요한 요소 인 관계로 표준 지도요소 부분을 참고하여 적용하면 될 것이다.
- 제목 위치 : 제목 위치는 지도 디자인 조건에 따라서 다소의 차이가 있을 수 있으나, 해외 선진사례에서 알 수 있듯이 지도 상단의 좌측(제목 A), 중앙(제목 B), 우측(제목 C), 좌측 중앙(제목 D), 우측 중앙(제목 E) 가운데서 선택하여 표기하는 것이 일반적이다.

범례(Legend)

범례는 여백활용과 주의집중 점(Attention Focus Point) 등을 고려하여 [그림 2.1], [그림 2.2]에서 제시한 것과 같이 좌측 중앙(범례 1), 하단 좌측(범례 2), 하단 중앙(범례 3), 하단 우측(범례 4), 우측 중앙(범례 5) 중에서 적합한 위치를 선택하여 표기하면 될 것이다. 그리고 입체지도의 경우 [그림 2.3]처럼 번호체계를 부여하여 입체지도를 훼손하지 않도록 간결하게 표기해야 한다.

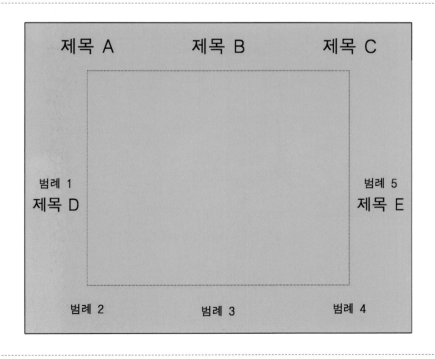

그림 2.1

제목 및 범례 위치 선택

참고: Peterson, Gretchen N. GIS Cartography : *A Guide to Effective Map Design*—Appendix A: Layout Sketches. 2009. pp. 197~206 내용과 실물사례를 참고하여 작성했다

그림 2.2 제목 및 범례 위치 설정 디자인 실물사례

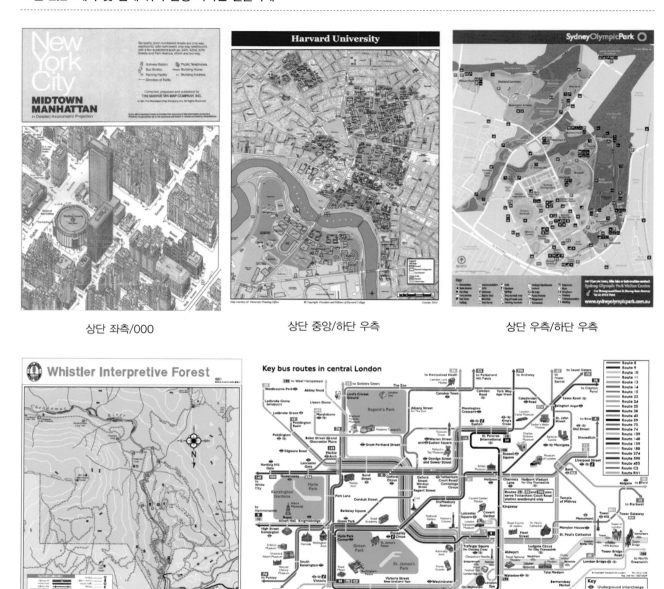

상단 좌측/000

상단 중앙/하단 우측

상단 우측/하단 우측

상단 중앙/하단 좌측

상단 좌측/하단 및 상단 우측

그림 2.3 방문객과 관광객 용어 개념정리

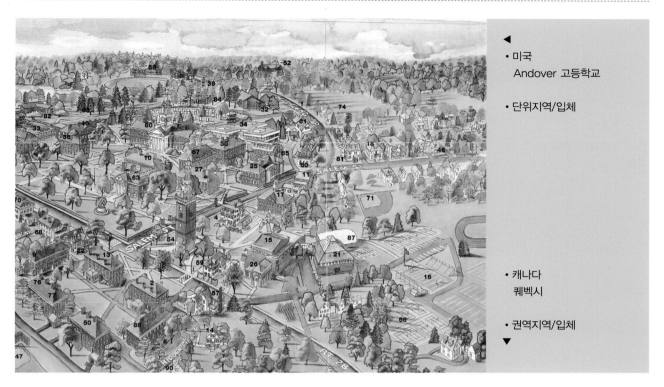

- 미국
  Andover 고등학교

- 단위지역/입체

- 캐나다
  퀘벡시

- 권역지역/입체

출처: 2001년 직접방문 수집하여 사)한국관광정보센터가 소장하고 있는 비공개자료

주의 집중(Attention Focus)과 독자의 눈 이동

지도를 디자인할 때는 이미지 공간에서 [그림 2.4], [그림 2.5]에서와 같이 기하학적 중심(Geometric Center)보다는 시각적 중심(Optical Center)과 근접하게 중심항목을 배치하도록 해야 한다.

그림 2.4
주의 집중과 독자의 눈 이동

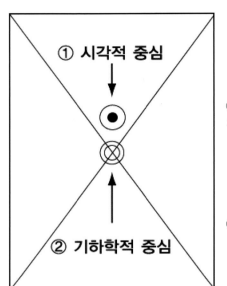

① 시각적 중심(Optical Center) :
기하학적 중심 높이의 5% 정도 높게 위치

② 기하학적 중심(Geometric Center)

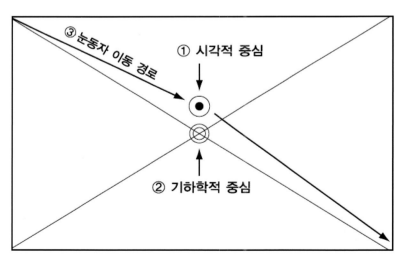

① Optical Center, ② Geometric Center, ③ Eye Movement 3요소의 관계와 독자의 눈 이동(Movement of Reader's Eye) : 이미지 공간의 상단 좌측(Upper Left)에서 초점(Focus)을 통과하여 하단 우측(Lower Right)으로 흐른다.

참고: ① www.vanseodesign.com, ② upload.wikimedia.org, ③ Dent, Borden, Jeff Torguson, and Thomas Hodler. *Cartography: Thematic Map Design*, 6th Edition. 2008. Figure 12.5/p. 209, Figure 12.9/p. 212

그림 2.5 시선 중심(Optical Center)과 시각적 무게균형(Visual Weight Balance) 사례

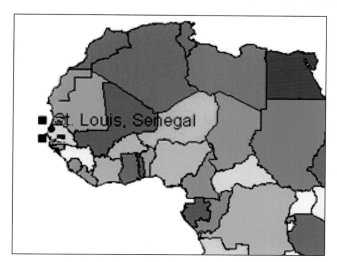

St. Louis의 위치가 좌측으로 지나치게 치우친 사례

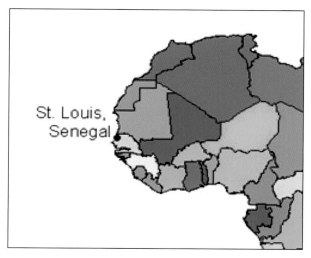

St. Louis의 위치가 많이 개선되었으나 여전히 시각적 무게 중심
이 약간 우측으로 치우친 사례

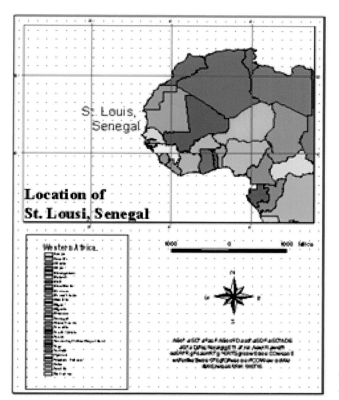

백색공간 문제(White Space Problem)를 제목, 범례, 축척, 방위
표지 등의 지도요소로 구성하여 시각적 무게균형이 잡힌 지도제작
사례

출처: www.gitta.info. Elements of Map Composition: How to make a decent map! 2014.

축척 및 출력지도 크기(Scale & Size)

축척은 [그림 2.6], [그림 2.7]에서 제시한 것과 같이 지역범위(Site), 용도(Purpose), 출력지도 크기(Size), 정보수량(Information Amounts), 지도사례, 동일지역의 축척별 비교 특성 등을 고려해서 선택 · 결정 · 적용하면 될 것이다.

그림 2.6 축척 및 지역규모별 지도형태 사례
지역규모와 매체에 따라서 적절하게 축척을 결정하면 될 것이다.

- 소규모 단위지역: 1 : 1,200~10,000
- 중규모 단위권역: 1 : 10,000~25,000
- 대규모 단위광역: 1 : 50,000~100,000

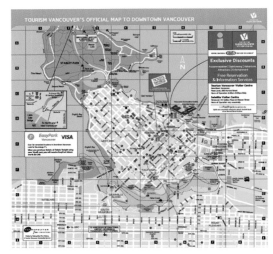

캐나다 밴쿠버: 광역/평면

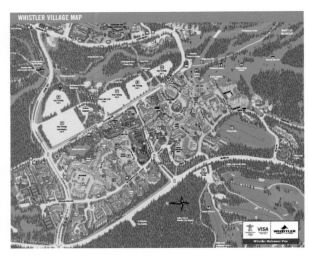

캐나다 휘슬러: 단위지역/입체

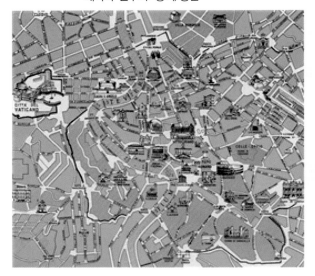

이탈리아 로마: 광역/혼합

캐나다 부차트 가든: 단위지역/입체

그림 2.7 동일지역의 축척별 비교 : 25,000~1,000,000

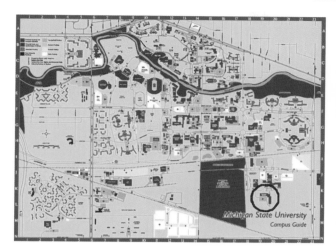

1 : 25,000

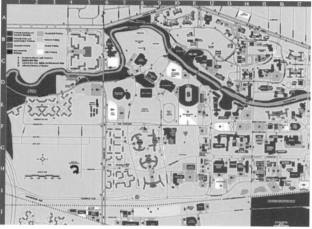

1 : 100,000

1 : 250,000

1 : 1,000,000

출처: Michigan State University. Main Campus Map PDF

참고: Dent, Borden. *Cartography: Thematic Map Design*, 5th Edition. 1999. COLOR PLATE 14 and 6th Edition. 2009. COLOR PLATE 1.1 Scale and Map Detail.

※ 참고: 종이규격

종이규격은 휴대, 내구성, 종이자원 활용, 비용측면 등을 고려하여 효율적 · 효과적인 크기를 선택하면 될 것이다.

그림 2.8
종이규격 사례

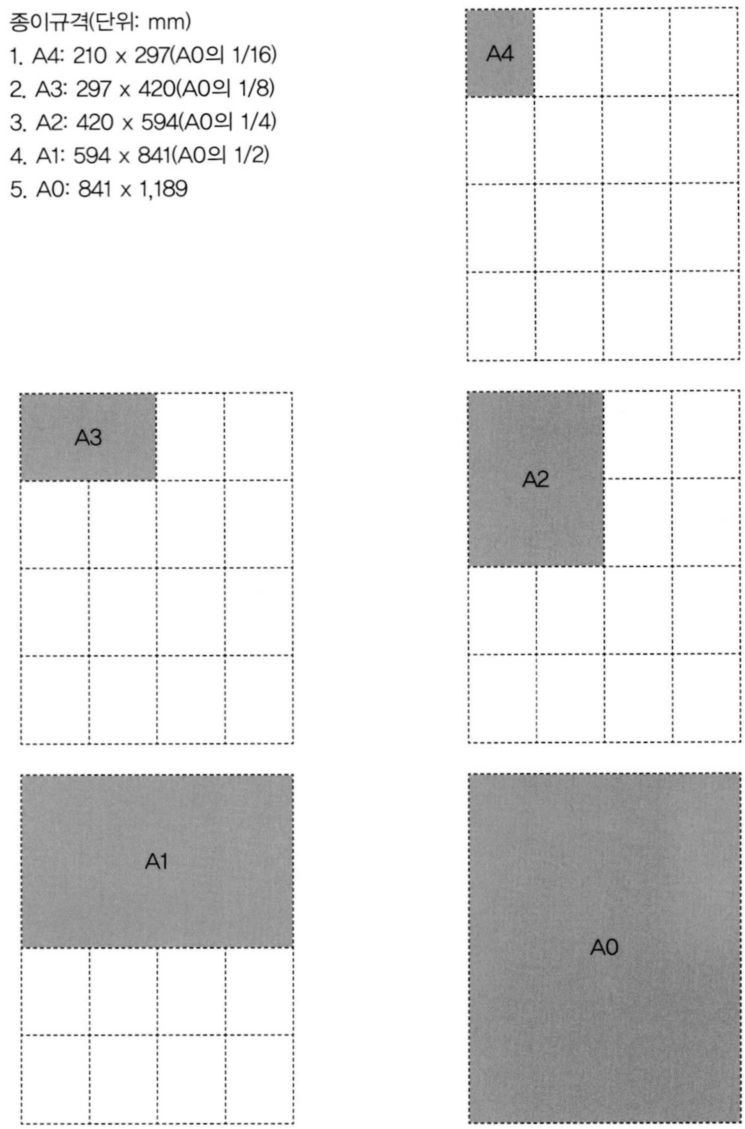
종이규격(단위: mm)
1. A4: 210 x 297(A0의 1/16)
2. A3: 297 x 420(A0의 1/8)
3. A2: 420 x 594(A0의 1/4)
4. A1: 594 x 841(A0의 1/2)
5. A0: 841 x 1,189
A4
A3
A2
A1
A0

기반지도(Base Map) 채택 및 적용

지역규모에 관계없이 국립지리정보원 등이 제공한 기반지도를 채택 · 적용하는 이유는 왜곡이나 삭제로 지리적 정확성의 확보를 할 수 없게 하는 것(예: 그림 2.9)을 방지하기 위함이다.

지도에 대해서 잘 모르는 사람들이 흔히, "우리나라는 구미 선진국들처럼 도시계획이 잘 되어 있지 않기 때문에 정확한 관광 · 방문안내지도를 제작하기가 어렵다."라고 말하는 것은 전혀 근거 없는 잘못된 말이라는 것을 구미 선진국들의 사례인 [그림 2.10], [그림 2.11]에서 명확하게 확인할 수 있다.

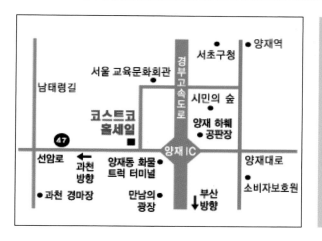

그림 2.9
기반지도 채택 적용과 지도제작 사례: 한국과 미국 *COSTCO*

◀
COSTCO **양재점**
국문 안내지도(2015년 2월 현재)
• 지도제작 전문지식 없음
• 기반지도 채택 않음
• 부정확한 지도

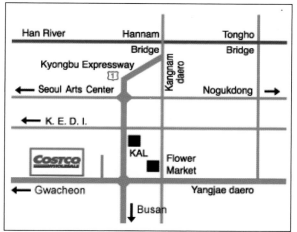

◀
COSTCO **양재점**
영문 안내지도(2015년 2월 현재)
• 지도제작 전문지식 없음
• 기반지도 채택 않음
• 매우 부정확한 지도
※ 국문과 영문 안내지도 일관성 실
   종: 통합적 표준화 전혀 고려하지
   않았음

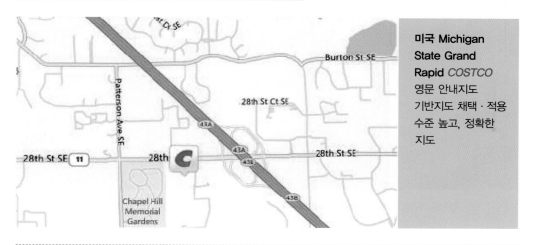

미국 Michigan State Grand Rapid *COSTCO*
영문 안내지도
기반지도 채택 · 적용
수준 높고, 정확한
지도

그림 2.10 캐나다 휘슬러 관광 · 방문안내지도 및 일부 확대 사례

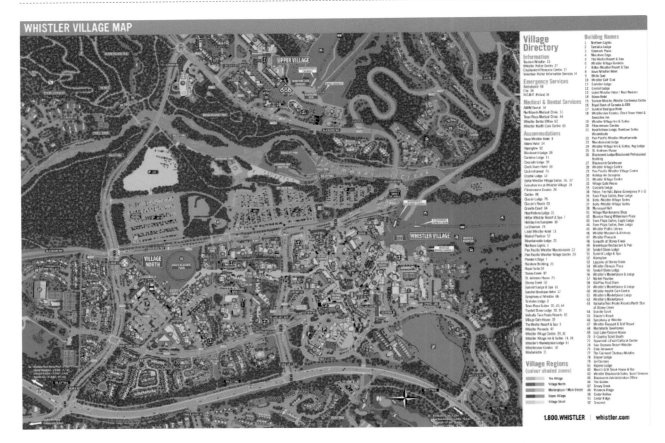

캐나다 휘슬러, 권역/입체: 전체 및 상단 중앙부분 확대

그림 2.11 인터랙티브 지도 및 일부 확대 사례

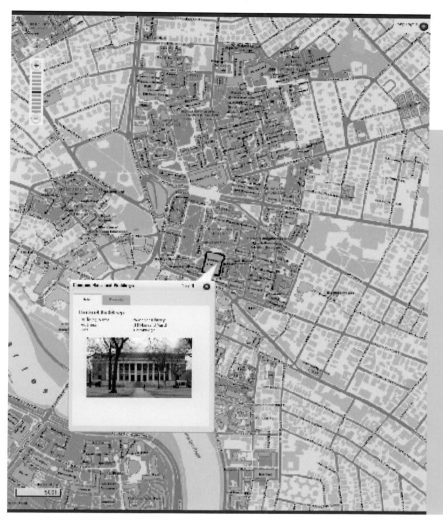

◀
미국 Harvard University
정확하고(CMYK: 0, 100, 100, 40/RGB:
255, 0, 65), 확실하게 적용하는 UI Color:
Crimson-Strong, Deep Red, Inclining
to Purple, Gold, Black, White 단위지
역/평면/Interactive

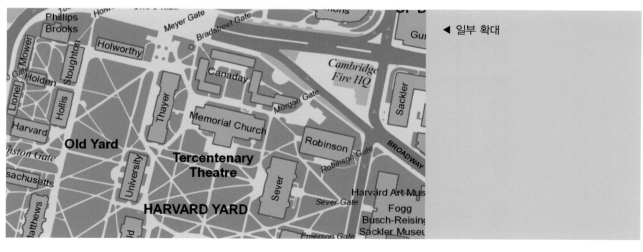

◀ 일부 확대

구성(Layout): 형태 디자인(Type Design)

하나의 지도를 완성하기 위해서는 몇 가지 기준을 복합적으로 적용하는 것이 일반적
이다. 특히 지역규모와 형태가 결합된 경우에는 권역에서 광역으로 갈수록 혼합지도
에서 평면지도를, 권역에서 단위지역으로 갈수록 혼합지도에서 입체지도를 계획·제
작하는 경향이 보편적이다.

그런데 최근에는 IT 매체의 발달로 점차 혼광역 권역 단위지역체지도가 퇴조하는
대신에 실물사진을 연계한 인터랙티브(Interactive) 지도가 세계적으로 보편화되어 가
고 있다.

지역규모(Site)	광역	권역	단위지역
지도형태(Type)	평면	혼합	입체

평면지도: 문자 중심 입체지도: 비주얼 중심

평면: 미국 Emma Willard School

입체: 미국 Philips Academy

혼합: 러시아 Sochi 문자 + 비주얼 중심

수록정보 적정수량 산정 및 근거

제작하고자 하는 지도가 일반적인 관광 · 방문안내지도, 특정주제 또는 토픽에 대한 지도인지를 구분하여 〈표 2.1〉에서 제시한 것과 같이 수록해야 할 총 정보수량을 객관적이고 합리적인 기준(예: 관광 · 방문객 통계, 관광진흥 전략 등)에 따라서 분야별로 선별 · 산출 · 결정하고, 과업을 추진해야 한다.

(1) 일반 관광 · 방문안내지도의 경우

국가, 광역시 · 도, 기초 지자체 단위 관광 · 방문안내지도에 표기할 적정수량을 산정할 때 고려해야 할 주요한 근거는 다음과 같이 몇 가지가 있다.

- 평균 체류기간: 관광 · 방문객이 일반적으로 평균 체류기간 동안 관광 · 방문을 한 명소의 2~3배 정도
- 관광 · 방문명소를 관광 · 방문한 합리적 순위통계 자료
- 해당 지자체 및 기관의 관광 · 방문객 촉진전략
- 관광 · 방문안내지도의 정보수용 한계성: 매체별 관광 · 방문안내정보 수용정도의 순위(지도, 표지판, 가이드북, 웹사이트)를 고려
- 관광 · 방문객의 주의집중 및 흥미유발: 관련성이 적거나 불필요한 정보(Noises)는 문제를 유발하기 때문에 핵심항목만을 표기

① 10개 국가(Nation): 미국, 캐나다, 영국, 프랑스, 이탈리아, 스위스, 독일, 스페인, 호주, 뉴질랜드

② 20개 광역지자체(State): 미국 캘리포니아, 플로리다, 하와이, 일리노이, 매사추세

표 2.1 관광 · 방문안내지도에 표기할 수록정보 적정수량

	국가 단위	광역시 · 도 단위	기초자치단체 단위
관광명소±a	30	20	10
랜드마크±a	5~6	4~5	2~3
계(단위 : 개소)	35~36±a	24~25±a	12~13±a

출처: 관광 · 방문안내지도에 표기할 수록정보의 적정수량 산출근거는 아래 제시한 국가, 광역 · 기초지자체, 도시 및 세계적인 전문 민간업체(미국 National Geographic, Hachette, NAVTEQ, 영국 DK: Dorling Kindersley, Collins, 호주 lonely planet 등)가 공식발행한 지도와 가이드북(Guidebook)에 첨부된 지도에 대한 조사 · 분석 통계, 실무자 확인결과, 우리의 실태를 조사 · 분석한 결과를 근거로 했다. 가이드북에 첨부된 지도는 서울시내 대형서점에서도 쉽게 확인해 볼 수 있다.

츠, 미시건, 뉴욕, 워싱턴 DC. 캐나다 브리티시컬럼비아, 퀘벡. 호주 뉴사우스웨일즈, 퀸즐랜드. 뉴질랜드 오클랜드. 스위스 취리히, 라지오. 영국 그레이터런던, 스코틀랜드 등

③ 30개 소·중·대도시(City): 미국 보스턴, 시카고, 랜싱, 로스앤젤레스, 뉴욕, 포틀랜드, 샌디에이고, 샌프란시스코, 새러토가 스프링스, 시애틀, 트래버스. 캐나다 밴프, 캘거리, 재스퍼, 몬트리올, 퀘벡, 토론토, 벤쿠버, 빅토리아, 휘슬러. 영국 케임브리지, 런던, 옥스포드, 윈저. 프랑스 파리, 이탈리아 로마. 독일 베를린. 스위스 베른, 제네바, 루체른, 취리히, 생모리츠, 체르마트. 호주 브리즈번, 시드니. 뉴질랜드 오클랜드, 로토루아 등

(2) 주제 또는 토픽 관광·방문지도 경우

지자체 내의 특정지역 대상인 주요 관광·방문자원과 공공, 편의시설 등은 기본적으로 해당항목 전체를 표기하는 것이 원칙이다. 그러나 경기장, 명승유적지 분포도의 경우에는 필요하면 소량의 랜드마크를 추가로 표기할 수 있다.

관광·방문안내지도의 랜드마크 유형

관광·방문안내지도에 표기할 수 있는 랜드마크는 두 가지로 나눌 수 있다

① 일반적인 관광·방문명소로서의 랜드마크
② 관광·방문안내지도에서 길 찾기(Wayfinding)와 위치파악(Localization)을 지원하는 기능의 랜드마크는 길 찾기 지원을 할 수 있는 1) 일반적인 관광·방문명소와 2) 관광·방문안내소, 교통시설: 공항, 버스, 선박, 열차터미널 그리고 특별한 장소, 많은 사람들이 알고 있거나 알 수 있는 지역명물인 공중전화부스, 시계탑, 안전시설, 바위, 나무 등이다.
※ 유의점 : 지도는 안내정보를 수록할 수 있는 지면의 한계성을 갖고 있는 관계로 수록정보가 많으면 관광·방문안내지도의 기본이 훼손되어 읽기 어렵고, 관광객들의 관심집중과 흥미상실을 야기하며, 정체성 표현이 어렵고, 아름다움을 저해할 수 있기 때문에 수록할 정보를 구분·선별하여 체계적으로 간결하게 표기를 해야 한다.

선 종류 및 선택적용

모든 지도는 다양한 점(Point), 선(Line), 구역(Area), 입체(Volume)로 구성된 시각적 제시인 관계로 선은 매우 중요한 핵심 요소이다.

그러므로 상세 계획수립을 할 때는 선의 형태, 크기, 위계, 컬러, 해상도 등과 관련한 표준의 선택 · 적용에 대한 제시에 유의해야 한다.

테두리 선(Border)과 안쪽 선(Neatline)에 대한 예를 들면 아래 그림과 같다.

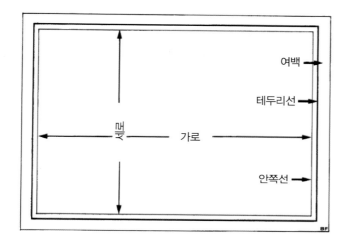

신뢰도 부여(Credits)

지도 데이터에 신뢰도를 높일 수 있도록 제작 회사, 제작 또는 개선일자 등을 표기한다.

지도 포함 및 불포함 지역(Mapped and Unmapped Areas)

지도에 포함시킬 지역과 제외할 지역을 구분하여 처리한다.

방한지 처리(Graticule)

정확도를 높이기 위해서 디자인할 때는 바탕 또는 배경에 방한지를 놓고 처리한다.

방향(Orientation): 북쪽 표시(North Arrow)

- 일반 관광 · 방문안내지도: 특별한 경우를 제외하고는 일반적으로 지도 상단을 북쪽

방향으로 간주하여 표시한다.

● 노변전시 표지판 게시 지도: 관광 · 방문객이 바라보는 표지판의 설치 위치에 따라서 노변전시 표지판 게시 지도에 북쪽 방향표시를 해야 한다.

　　예를 들면 아래 그림에서와 같이 서쪽방향에서 동쪽방향을 바라보도록 표지판을

그림 2.12

표지판 게시
관광 · 방문안내지도
방위표시 사례

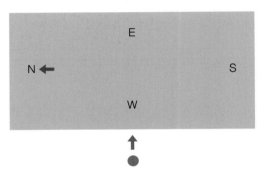

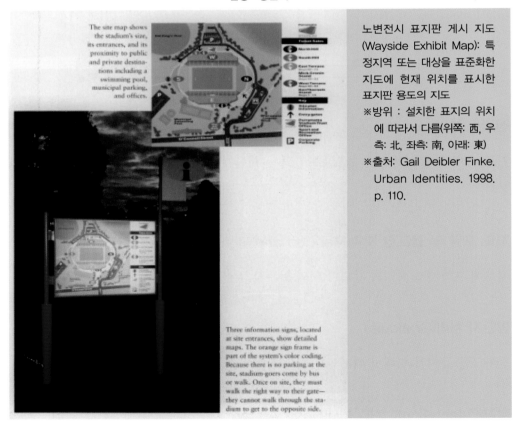

노변전시 표지판 게시 지도 (Wayside Exhibit Map): 특정지역 또는 대상을 표준화한 지도에 현재 위치를 표시한 표지판 용도의 지도
※방위 : 설치한 표지의 위치에 따라서 다름(위쪽: 西, 우측: 北, 좌측: 南, 아래: 東)
※출처: Gail Deibler Finke. Urban Identities. 1998. p. 110.

참고: Calori, Chris. *Signage and Wayfinding Design: A Complete Guide to Creating Environmental Graphic Design Systems.* 2007. pp. 123~124.

설치했다면 노변전시 표지판 게시 지도의 좌측에 좌측을 향하도록 북쪽방향 표시를 해야 한다.

문구배치(Label Placement)

(1) 장소명칭 및 문구표기(Places Names and Labeling) 및 사례

① 물 소성(Water features): 바다, 호수, 강, 천 등은 이탤릭 글꼴로 표기

② 선 소성(Lines features): 바다, 강, 천 등처럼 이탤릭 글꼴로 표기

③ 지역 명칭(Regional names): 국가, 지자체 등의 명칭은 수직 글꼴로 확장해서 표기

④ 산의 명칭(Names of mountains): 지자체 명칭 표기와 같게 확장해서 표기

⑤ 점 지역의 명칭(Names of point locations): 점 지역의 대각선 방향 어느 쪽에도 표기할 수 있으나 가능하면 좌측보다는 우측에 배치 표기해야 함

⑥ 문자는 선 작업보다 위에 표기(Lettering takes precedence over linework)

⑦ 기본규칙은 명확함(The primary rule is clarity): 앞서 제시한 가이드라인이 혼란스러운 결과를 야기할 수 있는 경우에는 반드시 따르지 않아도 됨

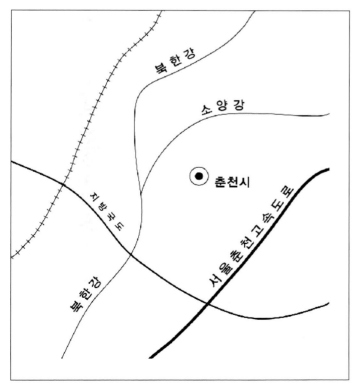

참고: Tyner, Judith A. *Principles of Map Design*. 2010. pp. 46~49. Dent, Borden. *Cartography : Thematic Map Design*, 6th Edition. 2009. pp. 236~243.

사례 1: 명칭표기 전반

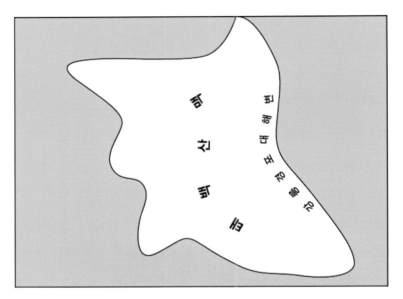

사례 2: 산맥 및 해수욕장 범위까지 확장배치

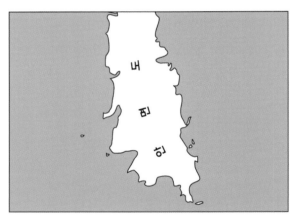

사례 3: 지역 범위까지 확장배치

사례 4: 점 지역 위치의 대각배치

참고: Tyner, Judith A. *Principles of Map Design*. 2010. pp. 46~49. Dent, Borden. *Cartography: Thematic Map Design*, 6th Edition. 2009. pp. 236~243.

(2) Halos, Callouts, Masks 표기 및 사례

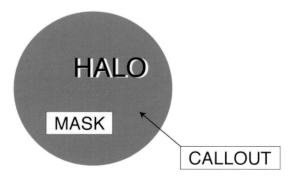

참고: Tyner, Judith A. *Principles of Map Design*. 2010. pp. 48~49.

① Halo는 문자표기를 강조하기 위한 훈륜(暈輪) 표기방법을 말함

② Callout은 마스크(Mask) 표기와 지도 위의 주안점까지를 유도실선(Leader Line)으로 연계한 표기방법을 말함

③ Mask 표기는 문자표기를 강조하기 위한 표기방법으로 다른 표기정보를 가리지 않도록 크기에 주의해야 함

■ Callouts 표기 사례 1: RENNELL

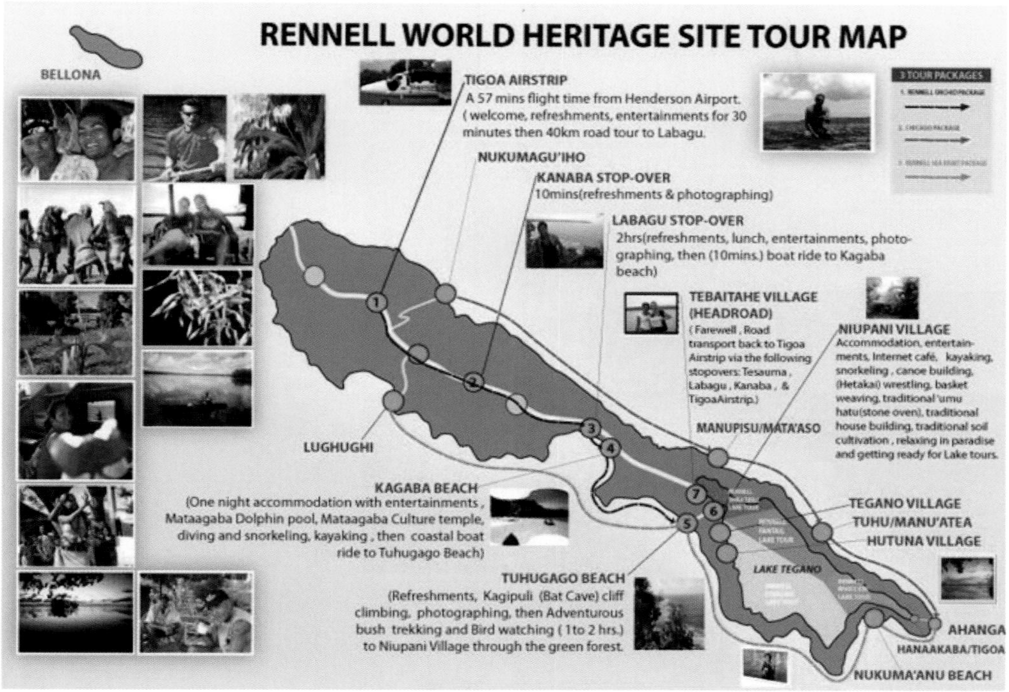

■ Callouts 표기 사례 2: CANADA

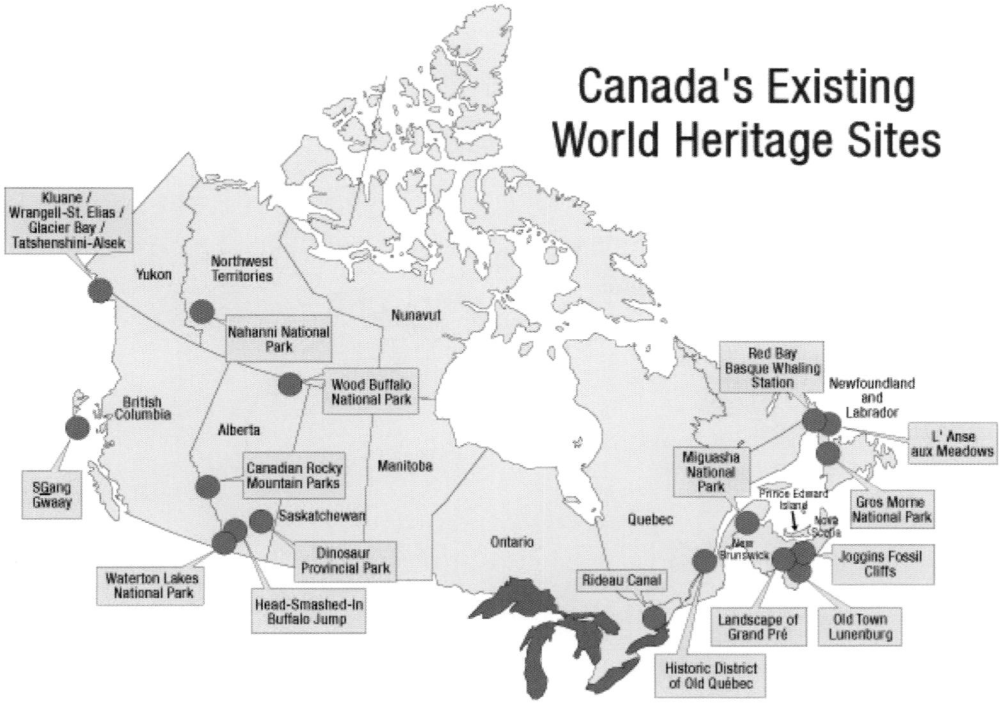

■ Masks 표기 사례 1: ITALY

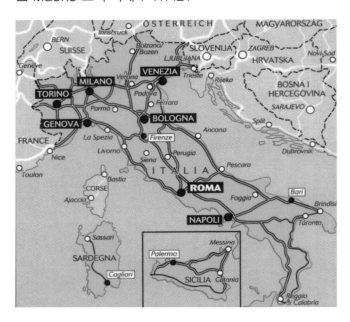

■ Masks 표기 사례 2: INDIA

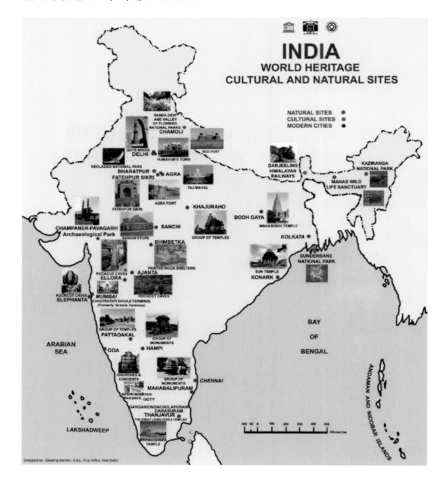

색인(Index: Directory)

색인방법은 세 가지, 즉 1) 색인 없이 직접 표시하는 경우, 2) [그림 2.13]에서와 같이
동일 형태(Shape) · 컬러(Color) 부호를 연계하여 표시(예: ❼—❼)하는 방법과 좌표를
연계하여 표시하는 경우, 3) 국제기준에 따라서 시설물 합계 50개를 기준으로 초과한
경우에는 지도의 가로축에 영어 알파벳(예: A, B, C 등), 세로축에 아라비아 숫자(예:

그림 2.13

색인 부여 사례
동일 형태/색상의 부호
연계 및 좌표 색인

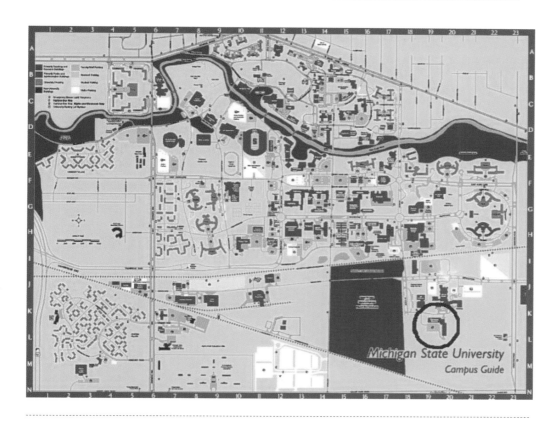

1, 2, 3 등)를 부여하고, 시설물 집단별 또는 시설물 전체를 대상으로 알파벳 순서대로
표기하며, 색인수량이 다량, 소량인가에 따라서 가로축과 세로축을 적절하게 등분하
여 좌표를 제시한다.

> ※ 참조 : 해외사례 중 Michigan State University Campus Map : 가로 23/세로 13등
> 분, Vancouver Tourist · Visitor Map : 가로 8/세로 7등분
>
> ① 색인 없이 직접 표기한 경우: 15개 이하
>
> ② 동일한 형태 및 컬러의 부호를 연계 표기하여 목록(Directory)을 제시한 경우:
> 20~50개 정도
>
> ③ 좌표로 표기하여 목록(Directory)을 제시한 경우: 50개 이상

해설문안 편집 디자인(Editorial Design) 기준

관광 · 방문안내지도 제작의 경우, 해설문안 표기가 항상 필요한 것은 아니지만 아래
[그림 2.14]에서 알 수 있듯이 부가적인 요소로 필요한 경우도 있다. 인체공학 측면을
고려하여 '한눈에 들어갈 정도의 분량(Eyeful: Complete View)'을 칼럼 스타일(Column
Style)로 편집하여 제시하는 것이 적합하다.

표기할 단어수량은 글자크기에 따라서 결정해서 표기해야 하지만 일반적인 기본기
준은 다음과 같다. 가능한 간결, 명확하게 표기하도록 표기해야 한다.

> ① 행: 4~8 단어
>
> ② 문장: 1~20 단어
>
> ③ 문장정렬: 좌측 맞추기를 우선하되, 중앙 또는 우측 맞추기도 가능

※ 출처

- Caltech. *Web Writing Guidelines in Caltech's Identity Standards*. 2015.
- Carter, Rob, Ben Day, and Philip B. Meggs. *Typographic Design: Form and Communication*. 2006. pp. 90~91.

그림 2.14   관광 · 방문안내지도의 해설문안 표기 사례: 뉴질랜드

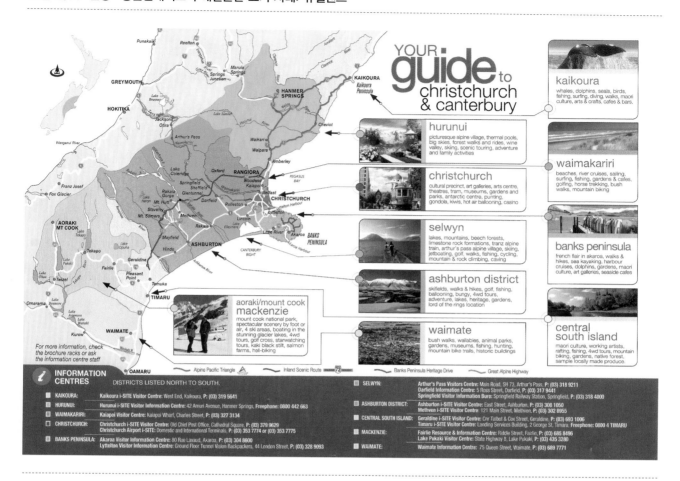

2. 컬러: 컬러 선택·적용 및 컬러화하기

컬러 선택·적용 세 가지 유의사항

① 해당 타이포그래픽 표준을 선택·적용하는 데 유의해야 한다.

② 배경(Background)에 대한 글꼴(Typeface)의 대비(Contrast)는 최소한 70%가 되도록 해야 하며, 대비에 영향을 미치는 색 지각의 세 가지 속성인 1) 색상(Hue), 2) 채도(Saturation), 3) 명암(Lightness)이 효과적으로 대비가 잘 이루어질 수 있도록 해야 한다(※ 참조 : 표지의 컬러 대비와 제3장의 조합사례).

③ 지도제작 기본원칙, 즉 **"간결하고, 명료하며, 읽기 쉽게**(Simple, Clear, Easy to Read)"를 잘 준수하는 방향으로 적용해야 하되, 지역, 시설물, 조직 등의 정체성 또는 특성을 차별화해서 표현하여 브랜드 포지셔닝을 명확하게 할 수 있도록 반드시 지침, 규정 등에 명시한 컬러와 숨겨진 컬러(Hidden Color)를 조사하여 근거기준으로 컬러화하기를 해야 한다.

표 2.2 관광·방문안내지도의 컬러화하기 세 가지 부문과 두 가지 측면

① 지리적 시각화(Geovisualization) 부문 : 실물자료 공개, 정리된 문헌 비공개
② 표준 지도요소(Standard Map Elements) 부문 : 실물자료 개별적 공개, 민간 업체가 수립한 표준 문서자료와 프로그램(Toolkit)의 비공개
③ 표지(Covers) 부문 : 관광·방문안내정보의 통합적 표준화 시스템 연계 부문(Integrated Standardization System of Tourism & Visiting Information): 실물자료 공개, 정리된 문헌자료 비공개

❶ 관광·방문안내정보 연계 통합적 표준화 : 실물자료 공개, 정리된 문헌자료 비공개
❷ 관광·방문산업 진흥전략 측면 : 실물자료 공개, 정리된 문헌자료 비공개

컬러화하기(Colorization) 상세 계획수립 및 그래픽 작업

관광·방문안내지도의 컬러화하기를 할 때는 〈표 2.2〉에서 제시한 것과 같이 다음 세 가지 부문, 즉 1) 지리적 시각화, 2) 표준 지도요소, 3) 표지, 그리고 두 가지 측면, 즉 1) 관광·방문안내정보의 통합적 표준화 시스템 연계, 2) 관광·방문산업 진흥전략 측면에 유의하며 추진해야 한다.

(1) 지리적 시각화(Geovisualization) 부문: 체계 및 사례

지리적 시각화 부문에 대한 실물자료는 무·유료 형태로 공개하고 있으나 정리된 문서자료는 전혀 공개하지 않고 있다. 그런데 지역, 조직, 시설물, 행사 등에 대한 정체성을 표현하려면, 아래 [그림 2.15]에서 알 수 있듯이 네 가지 관련항목 중에서 최소한 1개 이상을 연계하여 컬러화하기를 해야 한다. 컬러화하기 과업을 수행할 때는 그래픽 디자이너의 주관적인 판단에 따라서 수행할 것이 아니라 반드시 상세계획에서 제시한 내역에 근거해서 표현하도록 해야 한다.

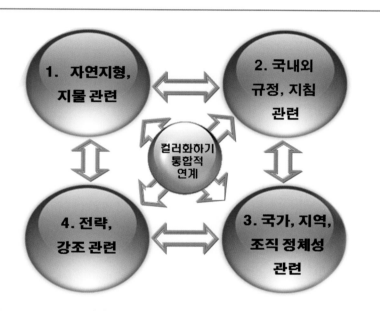

그림 2.15

방문·관광안내지도의 정체성 표현 컬러화하기 통합적 연계체계

- 사례 1: 미국 Grand Canyon 사례-자연지형·지물 컬러
- 사례 2: 미국 하와이 사례: 자연 지형·지물 컬러
  - 정체성 컬러: 자연 컬러
- 사례 3: 미국 알링턴국립묘지 사례-공동묘지 국제기준 컬러
  - 정체성 컬러: Black, White, Gold
- 사례 4: 러시아 소치동계올림픽 사례-IOC 공식 컬러
  - 정체성 컬러: Blue, Yellow, Black, Green, Red, Purple
- 사례 5: 캐나다 밴쿠버 사례-밴쿠버 비전 및 IOC 공식 컬러
  - 정체성 컬러: Green Capital - Green, Blue+IOC 공식 색상
- 사례 6: 일본 세계유산 사례-UNESCO 세계유산 컬러
  - 정체성 컬러: B/W → (일본 경우) 문화유산 Red/자연유산 Green
- 사례 7: 미국 Middlebury College 사례+MC Identity Colors+Hidden Color
  - 정체성 컬러: Blue/White+Light Gray

그림 2.16 - 1

방문 · 관광안내지도의
정체성 표현 컬러화하
기 해외사례

그랜드캐니언의 자연지형 · 지물 컬러

↓

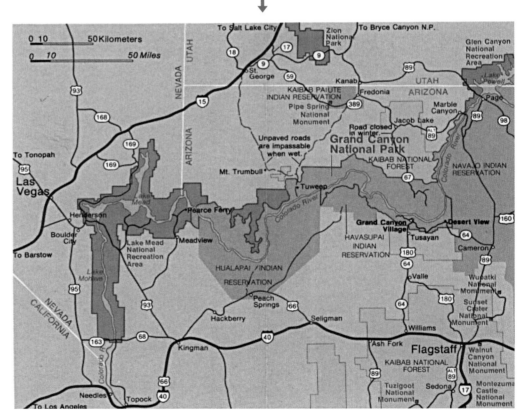

그랜드캐니언 계곡의 자연지형 · 지물 컬러를 지도의 지표면, 그랜드캐니언 계곡, 도로노선, 글자에 반영하여 정
체성을 표현한 사례

그림 2.16-2 방문 · 관광안내지도의 정체성 표현 컬러화하기 및 국내외 사례 비교

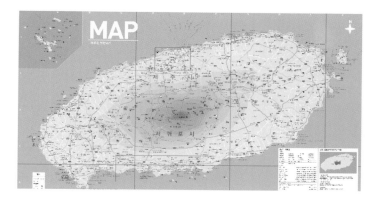

제주도

미국 하와이 Big Island

국립서울현충원

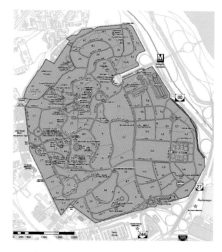

미국 Arlington National Cemetery

〈2014인천아시안게임〉 경기장 분포도

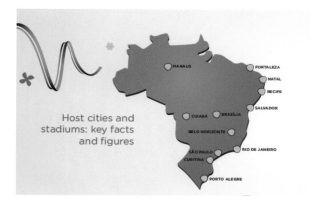

〈2014브라질월드컵〉 경기장 분포도

그림 2.16-2 방문 · 관광안내지도의 정체성 표현 컬러화하기 및 국내외 사례비교(계속)

인천광역시 〈2014인천아시안게임〉 대비 관광안내지도

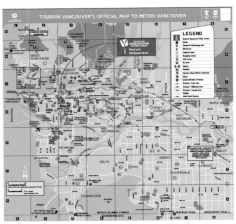

캐나다 밴쿠버 〈2010동계올림픽〉 대비
관광 · 방문안내지도

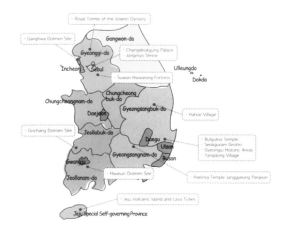

한국관광공사 KOREA Travel Guide 게재 세계유산 사이트 분포도

일본 세계유산 사이트 분포도

이화여자대학교
캠퍼스 안내지도, 단위지역/입체

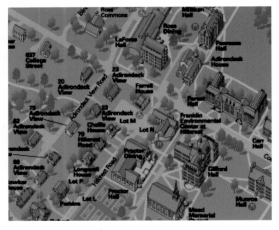

미국 Middlebury College
캠퍼스 안내지도, 단위지역/입체

공식분류 Official Classification	공식 심벌 · 컬러 Official Symbols · Colors		추천
1. 세계유산 World Heritage	1.1 문화유산 Cultural Heritage		Black/ White 또는 White/ Black	Black, Red, Blue 등 (문화 다양성 반영)
	1.2 자연유산 Natural Heritage			Green
2. 세계무형문화유산 Intangible Cultural Heritage			Blue	Blue
3. 세계기록유산 Memory of the World			Gold	Gold

그림 2.17
유네스코(UNESCO)
세계유산 분류 및 컬러

참고: 변경가능 컬러 국제기준－Black/White 또는 White/Black

(2) 표준 지도요소(Standard Map Elements) 부문: 실물자료 공개, 문서자료 및 실행 프로그램 비공개

관광 · 방문안내지도 제작문제는 민간업체의 영역이다. 그래서 표준 지도요소의 경우, 민간업체가 수립한 문서자료와 프로그램(Toolkit)은 거의 공개하지 않고 있기 때문에 관련분야에 대한 전문지식과 노하우 기반이 취약한 우리 입장에서는 관광 · 방안내지도의 제작발전 촉진의 장애요인이 되었다.

그런데 표준 지도요소 부문의 컬러화하기(Colorization)는 매우 중요한 필수 · 핵심 주제이며, 글꼴부터 방위화살표까지 25가지 정도에 이른다.

그러므로 표준 지도요소의 컬러화하기에 대한 구체적인 내용은 이 책의 제3장에 상세하게 기술했기 때문에 여기서는 이해를 돕기 위해서 간단하게 기술하고 사례를 제시할 것이다.

[그림 2.18]에서 알 수 있듯이 컬러화하기가 불가능한 경우나 가능한 경우도 모두 다

주변과의 조화 문제를 고려해야 하고, 국제표준화기구(ISO)도 문화의 다양성을 공식적으로 명문화하여 인정하고 있다는 점에 유의해야 한다.

그리고 공공안내 그림표지는 종이, 표지판, 웹매체 각각의 용도가 있는 것이 아니라 통합적 표준화를 위한 표준 하나면 되며, 일족(一族, Family)이 필요한 문제일 뿐이다. 예를 들면, 숙박의 경우 기본 형태에 호텔(H), 모텔(M) 등의 문자를 부기하는 것이다. 현재의 국제표준화기구 표준은 1968년 영국을 중심으로 한 유럽 국가들이 주도하여 제정한 것들로 1) 기본행태의 문제로 축소했을 경우, 시인성이 미흡하고, 2) 약 50년 된 구형 스타일이며, 3) 제반 국제 트렌드를 반영하지 못하고 있고, 4) 문화의 다양

그림 2.18
관광안내소 표준 공공
안내 그림표지 사례

• 형상: 인쇄체 또는 필기체 소문자
• 컬러: Brown/White, White/Brown

세계관광기구(UNWTO) 권장 표준

국가 표준(KS)   호주 표준   시카고대학교, 현재 지도적용

2014년 12월 개선 전   2014년 12월 개선 후

출처: World Tourism Organization. *TOURISM SIGNS & SYMBOLS*. 2001. p. 58. 허갑중. *The Standard Pictograms Development in Korea and Cooperation for The Global Standardization*. 2001. pp. 72~75. 및 촬영수집자료. Pierce, Todd. *International Pictograms Standard*. 1997. pp. 3~5.

성을 수용하지 못하는 등의 심각한 문제점들을 내포하고 있기 때문에 개선이 불가피한 대상이다.

(3) 표지(Covers) 부문 – 관광안내정보의 통합적 표준화 시스템 연계: 실물자료 공개, 문서자료 비공개

구미 선진국들은 관광안내정보, 즉 종이지도, 표지판, 출판물, 전자정보를 연계하여 관광 · 방문산업 진흥전략 차원에서 통합적 표준화를 시행하고 있다. 그러나 실물자료는 무 · 유료 형태로 공개하고 있으나 정리된 문서자료는 국가와 기업의 관광산업 진흥전략 노출에 대한 우려 때문에 철저하게 공개하지 않고 있는 실정이다.

[그림 2.19], [그림 2.20]에 제시한 국내사례의 내용에서 알 수 있듯이 우리의 수준은 국가, 광역 · 기초지자체 등의 단위에 관계없이 전략을 찾아볼 수가 없고, 오직 전술시행만 있을 뿐이어서 매우 저급한 실정이다.

그런 데 반해서 [그림 2.21], [그림 2.22], [그림 2.23]의 선진국 사례에서 알 수 있듯이 선진국들은 고도의 통합적 관광 · 방문 마케팅 프로모션 전략을 시행하고 있을 명확하게 알 수 있다.

해외사례 4곳에 대한 관광 · 방문산업 진흥전략의 기본 콘셉트와 정체성 컬러에 대한 내용을 요약하여 제시하면 다음과 같다.

① 하와이 사례: 관광 · 방문산업 진흥전략 기본 콘셉트는 세 가지, 즉 1) Aloha Spirit(환대정신), 2) Beautiful Women(아름다운 여인), 3) Beautiful Flowers(아름다운 꽃)를 제시하고 있다. 그리고 정체성 컬러는 자연 컬러로 다양하게 표현하고 있다. 세계 최고 수준의 허니문 관광명소로의 전략

② 뉴욕시 사례: 관광 · 방문산업 진흥전략 기본 콘셉트는 1) 다양함, 2) 화려함이며, 특유한 글꼴(타이포그래피)을 개발 · 사용하고 있고, 정체성 컬러는 뉴욕시가 제정 · 적용하고 있는 12 컬러 중에서 선택 · 조합하여 표현하고 있다. 다양성과 화려함이 넘치는 관광 · 방문명소로의 전략

③ 스코틀랜드 사례: 관광 · 방문산업 진흥전략 기본 콘셉트는 전통 · 역사이고, 정체성 컬러는 짙은 청색과 백색(Blue/White)이며, 관련 관광 · 방문명소와 특산품을 연계 · 표현하고 있다. 오랜 전통 · 역사를 간직하고 있는 전략

그림 2.19 한국관광공사 가이드북 표지 사례

2012년 발행, 영어

2013년, 영어

2013년 발행, 일어

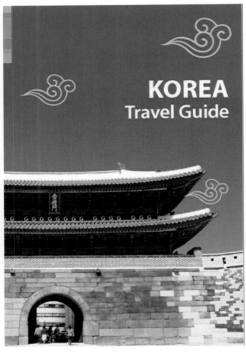

2014년 발행, 영어

그림 2.20 제주도 출판물 표지 사례: 2013년~2014년 발행

그림 2.21

하와이 출판물 표지
사례: 세계 최고수준의
허니문 관광명소

그림 2.22

뉴욕시 출판물 표지
사례: 다양함, 화려함
이 넘치는 국제도시

그림 2.23

**스코틀랜드 출판물
표지 사례:** 전통 · 역사
를 간직한 관광명소

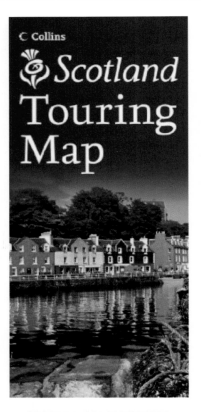
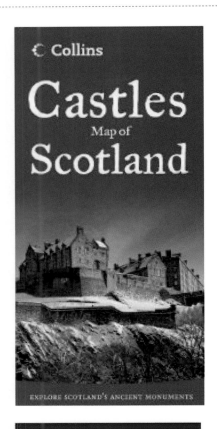
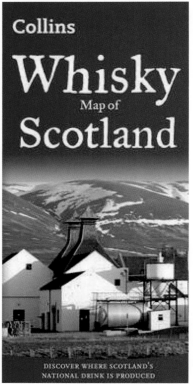
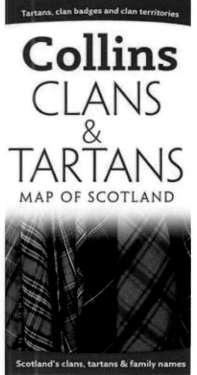

2003년

2013년

그림 2.24
시드니 가이드북 표지
사례: 세계최상의 청정
미항 · 예술명소

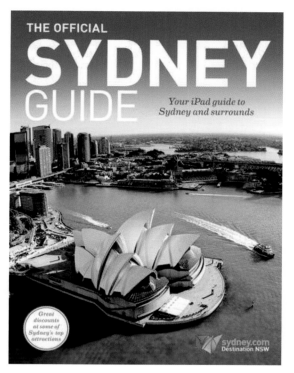

2014년

④ 시드니 사례: 관광 · 방문산업 진흥전략 기본 콘셉트는 세계 최상의 청정 미항 · 예술의 관광 · 방문명소로 인식시키고자 하는 전략을 시행하고 있다. 세계 최고 수준의 청정 미항과 예술의 관광명소로의 전략

그런데 우리의 경우, 관광 · 방문산업 진흥전략 자체를 찾아볼 수가 없는데 선진국들의 경우에는 진흥계획을 토대로 관광 · 방문산업 진흥전략을 보통 10년 정도의 주기로 새롭게 전략을 수립하여 실시하고 있음을 알 수 있다.

(4) 관광 · 방문안내정보 연계 통합적 표준화 측면: 실물자료 공개, 문서자료 비공개

표준 관광 · 방문안내지도를 제작하려면 아래 제시한 3개의 사례에서 알 수 있듯이 관광 · 방문안내정보 매체인 종이지도, 표지판, 출판물－가이드북, 전자정보－웹사이트에 연계시켜 표준화 시스템을 구축 · 활용할 수 있도록 해야 한다.

그림 2.25 사례 1: 호주 시드니 Daring Harbor(2003.07 촬영 · 수집)

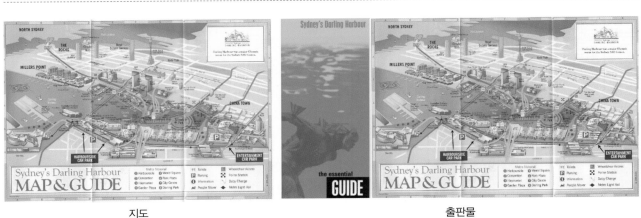

지도　　　　　　　　　　　　　　　　　　출판물

표지판

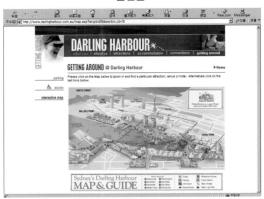

전자정보: 웹사이트

그림 2.26 사례 2: 캐나다 Whistler(2009.12 촬영 · 수집)

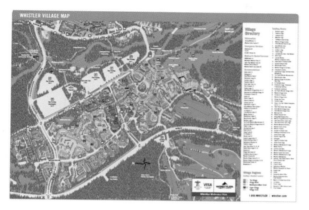

지도(종이지도)

<u>Village Accommodation Map</u>
An interactive map to find properties location and listings, parking,
and gondolas.

<u>Whistler Village Map</u> (pdf)
Find accommodations, parking, gondolas, restaurants and shops in
Whistler Village.

<u>Whistler Valley Hiking and Biking Map</u> (pdf)
Comprehensive map of Whistler and the surrounding area. Explore the
Valley Trail, find the golf courses, plan a day trip to Green Lake.

전자정보: 웹사이트

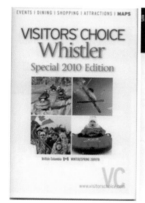

홍보물

표지

그림 2.27 사례 3: 미국 Chicago Millennium Park(2010.02. 촬영 · 수집)

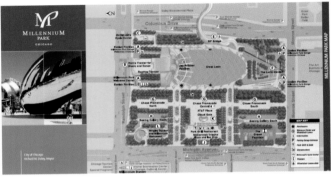

출처: 위에 제시한 세 가지 사례 중에서 종이지도, 표지판, 출판물 자료는 직접방문 수집 · 촬영한 자료이다.

그림 2.28 Chicago Millennium Park 노변전시 표지판 게시 지도(Wayside Exhibits Map) 확대사례

▶
- 관광 · 방문안내정보의 통합적 표준화 사례 중 지도를 표지에 적용한 경우를 확대하여 제시
- 종이지도 적용
  - 표지판
  - 출판물
  - 웹사이트
- 지도 방향:
우측이 북쪽(N)
위쪽이 서쪽(W)

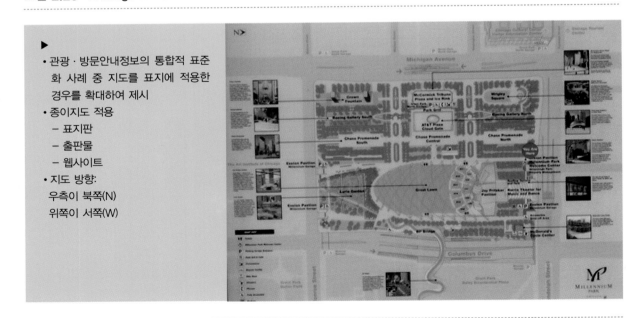

(5) 관광 · 방문산업 진흥전략 측면: 실물자료 공개, 문서자료 비공개

하와이의 경우, 관광 · 방문안내정보의 통합적 표준화를 넘어서 관련 산업전반을 연계하여 하나의 통합적 이미지를 표현함으로써 다른 브랜드와의 명확한 차별화로 브랜드 포지셔닝을 더욱 강화하는 고도의 전략을 구현하고 있음을 알 수 있다.

그림 2.29 안내정보와 관련 산업전반 연계: Hawaii Macadamia Nut

③ 제품 포장

① 관광 · 방문안내정보(Map · Leaflet · Sign · Web)   ④ 쇼핑백

② 전시판매장: 외관 및 실내

3. 관광 · 방문안내지도의 연계 · 확장 및 사례 : 시드니 올림픽 파크

광역 기본 · 표준 지도를 기반으로 중심권역 상세 지도, 단위지역 코스 지도, 토픽 지도 등을 계획 · 디자인 · 출력할 경우에는 아래 제시한 사례와 같이 디자인 기본 콘셉트와 스타일이 조화를 이룰 수 있도록 연계 · 확장해야 한다.

그림 2.30

**연계 · 확장 사례:
시드니 올림픽 파크**
(1998년 제작 · 공개
자료)

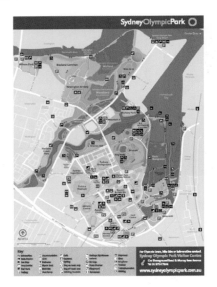

광역: 기본 · 표준(전역)

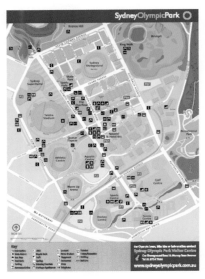

① 중심권역: 상세

② 주제별: 산책 코스

③ 주제별: 자전거 사파리 코스

출처: 2003년 국내 최초로 직접 수집 · 분류 · 정리한 자료

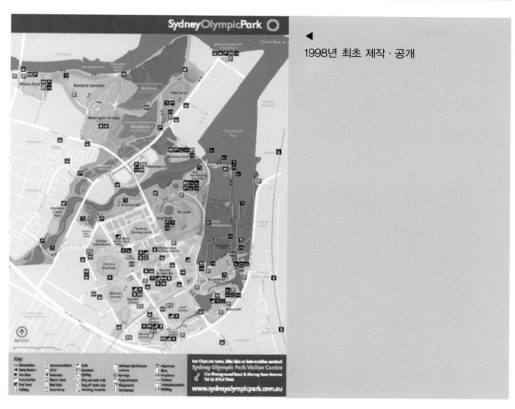

◀ 1998년 최초 제작 · 공개

그림 2.31

**시드니 올림픽 파크
최초와 현재 비교**
(17년간 사용: 1998~
2014년 말)

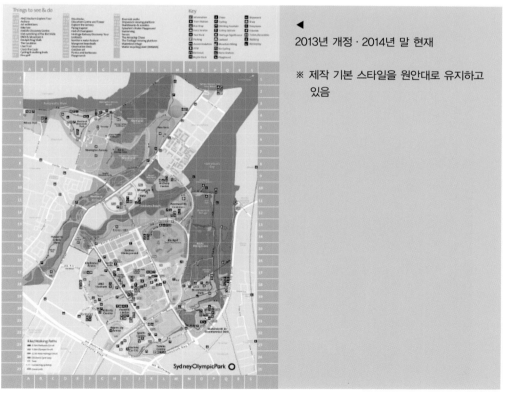

◀ 2013년 개정 · 2014년 말 현재

※ 제작 기본 스타일을 원안대로 유지하고
있음

4. 웹지도(Web Map): Washington, DC 사례

종이지도(Paper Map) 기반 중심의 축소 · 확대를 다음과 같이 하도록 한다.

①1차: 종이지도와 기반 웹지도가 일치하도록 계획 · 디자인 · 출력

②2차: 기반 웹지도를 관광 · 방문객의 필요에 따라서 자유롭게 축소 · 확대할 수 있도록 계획 · 디자인 · 출력

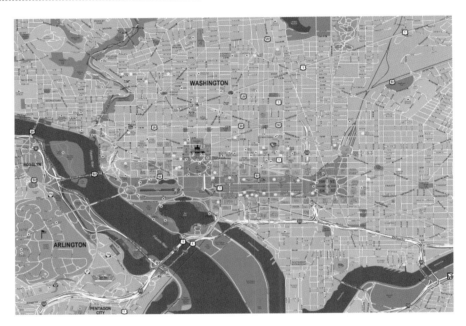

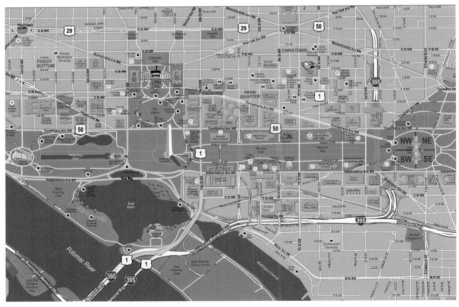

- 인터랙티브 지도(Interactive Map) 1: 웹지도를 기반으로 주제별 대상을 연계 디지털 지도인 웹지도를 기반으로 관광지, 숙박시설, 음식점, 쇼핑시설, 문화 · 예술시설 등과 같은 주제별 시설의 위치가 연계될 수 있도록 계획 · 디자인 · 출력한 지도다.(※ 웹지도의 경우에는 위치는 물론이고, 상세한 콘텐츠의 제공도 가능하게 할 수 있음)

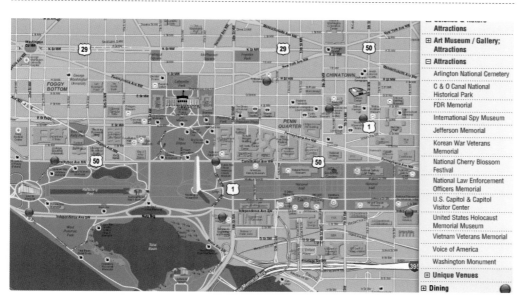

주요 관광지 연계사례

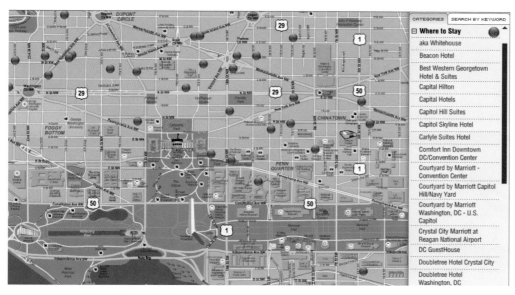

숙박시설 연계사례

● 인터랙티브 지도(Interactive Map) 2: 웹지도에 해설 표지판 연계사례

미국 Washington, DC의 국가벚꽃축제 주요 지점 및 해설표지판 설치

5. 표지판 게시 지도: 종이지도 기반과 시력약자 배려

관광 · 방문안내지도는 종이지도, 표지판 게시 지도, 웹지도가 있다고 이 책의 제1장에서 기술했으나 매체 특성 때문에 노변전시 표지판과 벽면부착 표지판 게시 지도 두 가지만 해당된다.

현대사회에서 관광 · 방문안내 표지판과 관련한 약자계층은 1) 휠체어 이용 장애인, 2) 시력약자, 3) 성인 여성을 기준대상으로 하고 있는데, 이들의 평등권(Equal Right) 보장은 약자계층과 정상계층이 다 함께 편안하고 안전하게 접근(Access)해서 쉽게 읽고(Read), 편안하게 이용(Use)할 수 있도록 배리어 프리(Barrier Free) 차원에서 이루어지고 있다.

그런데 관광 · 방문안내 표지판과 관련한 약자계층 가운데서 시력약자는 시력범위가 0.7~0.1인 사람이 대상이다. 왜냐하면 일반 휠체어 이용 장애인은 시력약자가 아니고 표지판 접근 및 규격에 대한 문제와 관련되어 있고 일반 성인 여성도 시력약자가 아닌 관계로 배려 대상이 아니기 때문이다.

표지판 매체의 특성 때문에 편안한 상태에서의 시각적 인지를 위해서는 최소한 1~1.5 m의 거리를 유지해야 하는 노변전시 표지판과 벽면부착 표지판 게시 지도의 경우, 1) 종이지도를 확대하여 게시하거나 2) 직접 제작하여 게시할 때도 시력약자를 배려하여 글자의 최소크기를 10~15 mm가 될 수 있도록 표기해야 한다. 이러한 문제는 구미 선진국에서는 이미 오래전부터 사회적으로 보편화된 사안이다.

※ 출처

- Arthur, Paul and Romedi Passini. *Wayfinding: People, Signs and Architecture*. 1992. p. 165.
- Parks Canada. *Exterior Signage Standards and Guidelines*. 2007. Section 3. p. 18.
- Harpers Ferry Center, Center for Media Services, National Park Service, U.S. Department of the Interior. *Programmatic Accessibility Guidelines for National Park Service Interpretive Media*. 2009. p. 41.
- Smithsonian Institution. *Smithsonian Guideline for Accessible Exhibition Design*. p. 24.

6. 관광 · 방문안내정보의 통합적 표준화와 브랜드 포지셔닝 전략: 국내외 대학교 사례 비교

관광 · 방문안내정보의 통합적 표준화에 대한 개념정의와 사례는 앞서 기술하고 제시하였다. 그리고 포지셔닝에 대한 개념정의도 제1장에서 기술하였는데, 포지셔닝(Positioning)이란 용어를 처음 사용하기 시작한 사람은 1969년 *Positioning: The battle for your mind*를 쓴 Jack Trout와 Al Ries다.

그런데 관광 · 방문안내정보의 통합적 표준화는 오늘날과 같이 경쟁이 치열한 현대 사회에서는 매우 중요하다. 그래서 조직과 제품 또는 서비스를 경쟁 브랜드보다 높은 경쟁우위의 목표를 달성할 목적으로 마케팅 믹스를 통해서 고객 마음속 높은 위치에 조직과 제품 또는 서비스에 대한 부정적인 생각을 축소시키거나 삭제하며, 긍정적인 생각을 지속적으로 강화 · 유지 · 변화시켜 기억하게 하는 행동을 취해야 하는데 그렇게 하는 과정을 포지셔닝(Positioning)이라고 한다.

관광 · 방문산업 측면에서는 제1장 [그림 1.11]에서 제시한 바와 같이 관광 · 방문 마케팅 프로모션 정보 믹스(Tourism · Visiting Marketing Promotion Information Mix: Map, Sign, Publication, Web)를 추진하는데 이러한 과정을 브랜드 포지셔닝(Brand Positioning)이라 하고, 목표시장에서 경쟁우위 달성을 위한 수단을 브랜드 포지셔닝 전략(Brand Positioning Strategy)이라 한다.

그러므로 관광 · 방문안내정보의 통합적 표준화와 브랜드 포지셔닝 전략은 필수 불가결한 관계임을 알 수 있다.

그런데 브랜드 포지셔닝 전략을 시행하려면 반드시 관광 · 방문안내정보에 대한 통합적 표준화 측면에서 정체성 가이드라인(Identity Guidelines)을 먼저 수립하고, 시행해야 한다. 구미 선진국들의 정부부처와 산하기관, 민간업체들은 문안 가이드라인은 대부분 공개를 않고 있는 반면, 대학교들은 문서 가이드라인(문안지침 + 비주얼지침 병기)은 공개하고 있으나 시행 프로그램(Toolkit)은 관련 인사들에게만 한정하여 공개하고 있다.

관광 · 방문안내정보의 통합적 표준화(Integrated Standardization)는 구미 선진국의 정부부처 및 산하기관, 민간기업, 대학교 등이 국내는 물론이고 국제적으로도 당연히 시행하고 있는 매우 중요한 사안이다. 이러한 사실은 국내에 진출한 글로벌 기업인 독일 벤츠, BMW, 폭스바겐 자동차, 미국 코카콜라, 시티뱅크, 맥도널드, 스타벅스 등의 사례에서 쉽게 확인해 볼 수 있다.

이미 구미 선진국들의 국가, 지자체, 관련기관 등의 단위사례는 앞에서 여러 가지 사례를 제시하였고, 제5장에서도 다양하게 다수의 사례들을 제시할 것이 때문에 여기서는 대학교 단위의 국내외 사례를 제시한다.

① 국내사례: 서울대학교
② 구미 선진국 사례: 총 6개 대학교
  ● 미국 4개 대학교: 하버드대학교, 미시건주립대학교, 시카고대학교,
    예일대학교
  ● 영국 2개 대학교: 케임브리지대학교, 옥스퍼드대학교

국가, 지자체 단위 차원은 물론이고, 대학교 단위 차원에서도 우리나라 대학교 사례와 통합적 표준화로 브랜드 포지셔닝 전략을 실현하고 있는 구미 선진국 대학교 사례들과의 비교를 통해서 우리나라와 선진국과의 수준 차이가 너무나 크다는 것을 명확하게 알 수 있다.

※ 출처, 참고문헌과 자료

● Belch, Georege and Michael Belch. *Advertising and Promotion: An Integrated Marketing Communications Perspective*. 2008.
● Curtin, Patricia A. and T. Kenn Gaither. *International Public Relations: Negotiating Culture, Identity, and Power*. 2007.
● Gibson, David. *The Wayfinding Handbook: Information Design for Public Places*. 2009. pp. 56~65. p. 72.
● Jugenheimer, Donald W. *Advertising Media: Strategy and Tactics*. 1992.
● Jugenheimer, Donald W. and Larry D. Kelly. *Advertising Management*. 2009.
● Kotler, Philip A. John T. Bowen, and James C. Makens. *Marketing for Hospitality and Tourism*. 4th Edition. 2005.
● Kotler, Philip A. *Marketing Management*. 14th Edition. 2011.

- NASA. *The NASA Style Full Guide*. November 2006.

- Schultz, Don E. *Integrated Marketing Communication: Putting It Together & Making It Work*. 1993.

- Sissors, Jack Z. and Roger B. Baron. *Advertising Media Planning*. 2010.

- 미 · 영국 대학교 Identity, Brand, Graphic Guidelines, 관련실물 사례, Websites 게재 자료 등

- Parente, Donald. Bruce Vanden Bergh, Arnold Braban, James Marra. *Advertising Campaign Strategy: A Guide to Marketing Communication Plans*. 2005. pp. 190~194.

그림 2.32-1 서울대학교 방문안내정보: 종이지도, 표지판 게시 지도

• 대학교 정체성 컬러: 짙은 파란색(감청색)

서울대학교의 정장은
월계관에 펜과 횃불을 놓고, 그 위에 책과 교문
심볼을 배치한 짙은 파란색의 문장(紋章)이다.

• 위상에 합당한 방문안내정보 제작을 위한 가이드라인이 전혀
없음

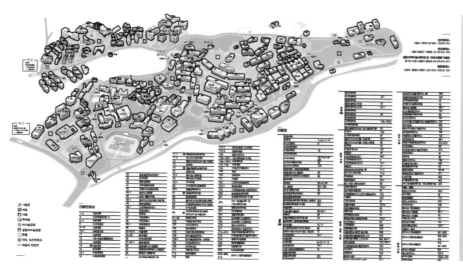

1. 국 · 영문 지도
2. 가이드북 게재 국 · 영문 지도
3. 표지판 게시 지도가 각각 다르
   고 구성도 미흡

• 규격과대 높이: 약 4 m
• 약자계층 배려 전혀 없음

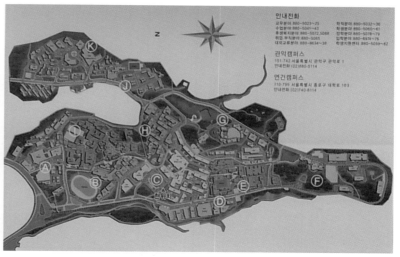

• 표지판 게시 캠퍼스 안내지도 확대사례
• 북쪽 방향(North Arrow) 표시 오류

그림 2.32－2 **서울대학교 방문안내정보:** 가이드북, 웹사이트

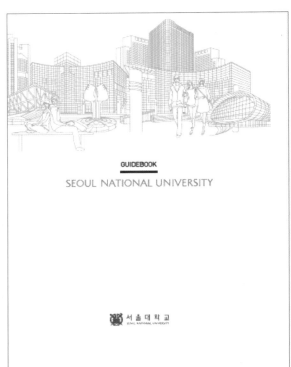

서울대학교의 정체성을 표현하는 이미지의 가이드북?

그림 2.33-1 Harvard University Identity Colors 및 Signs, Brochures, Websites

※ Harvard University UI Color: Crimson, Gold, B/W
• Crimson: Strong, Deep Red, Inclining to Purple(강렬하며 밝
  고 짙은 빨강에 약간의 파란색이 섞여 보라 빛이 도는 색상)
  − CMYK: 0, 100, 100, 40
  − RGB: 255, 0, 65

그림 2.33 − 2
Harvard University
Campus Map:
평면/Interactive Map

◀ 평면, Interactive Map

일부 확대
▼

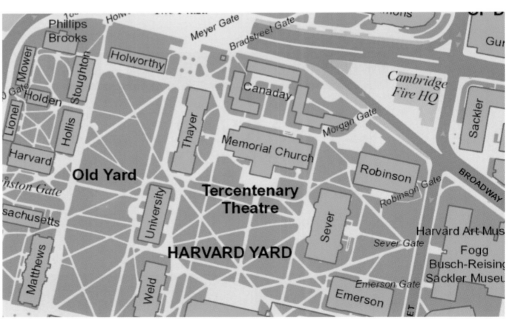

그림 2.34-1 Michigan State University Identity Colors 및 Campus Guide Map: 평면/Interactive

※ Michigan State University
• UI Colors : Green/White,
• Hidden Color : Red(학부 · 대학원학생 기숙사, 기혼자 아파트)
  −CMYK : 82, 0, 64, 70
  −RGB : 24, 69, 59

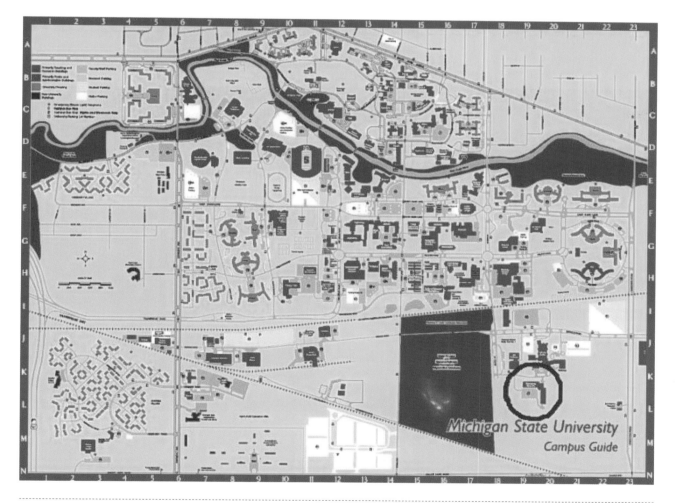

그림 2.34-2 Michigan State University Signs, Publications, Websites

그림 2.35-1 University of Chicago Identity Colors, Campus Map

1. Primary: Maroon(CMYK: 0, 100, 70, 50)/White+ Dark Gray(0, 5, 10, 60) +Light Gray(0, 0, 5, 20)
2. Secondary : 7 Colors (UChicago Surrounding Colors : From Tile Roofs to Michigan Lake) ▶

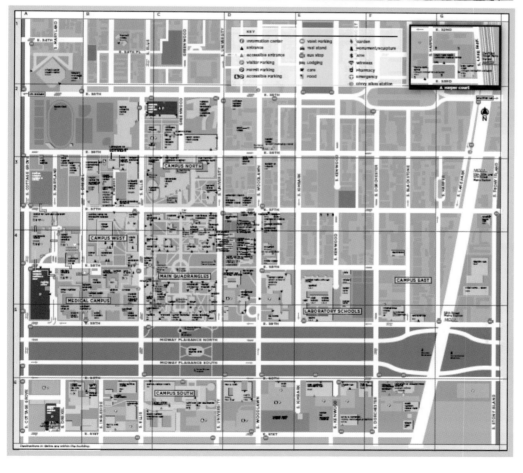

그림 2.35-2 University of Chicago Signs, Publications, Websites

그림 2.36 – 1 Yale University Identity Colors 및 Campus Maps, Sign: 평면/Interactive

Yale University

PMS 660	**Higher intensity (brighter) than Yale Blue** PMS 660 coated and uncoated CMYK 90, 57, 0, 0
PMS 654	**Lower intensity (grayer) than Yale Blue** PMS 654 coated and uncoated CMYK 100, 67, 0, 37
Yale Gray	**A secondary color for use with Yale Blue** PMS Warm Gray 7 coated and uncoated CMYK 42, 40, 44, 4
Web Blue	**Yale Web Blue** The dominant color on the core Yale Web site; encouraged for use on other Yale-affiliated pages HEX 0E 4C 92

※ YALE BLUE is the dark azure color used in association with Yale University.

◀ Color Coordinates

그림 2.36-2 Yale University Signs, Publications, Websites

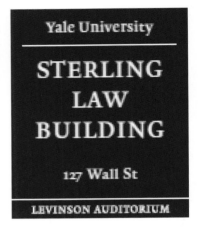

Two-pole, Upright
Flag
Standard

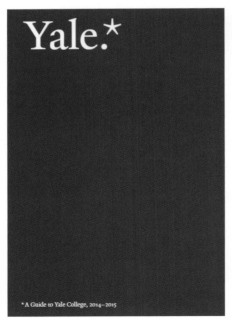

그림 2.37-1 University of Cambridge Identity Colors 및 Campus Map: 평면/Interactive

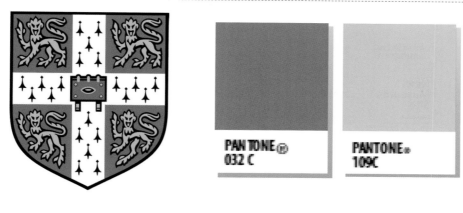

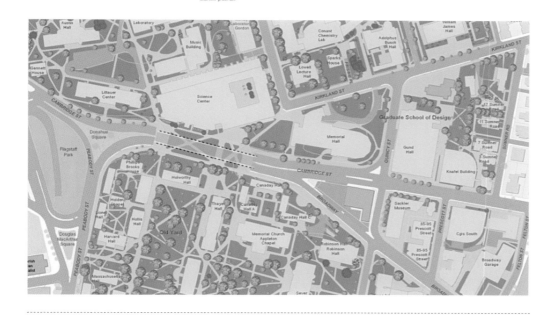

그림 2.37−2 University of Cambridge Signs, Publications, Websites

Exterior Signs Basic Colors:

Black/White 또는 White/Black

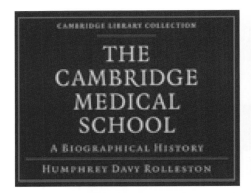
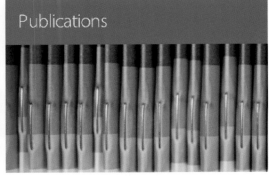

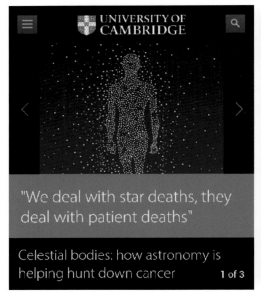
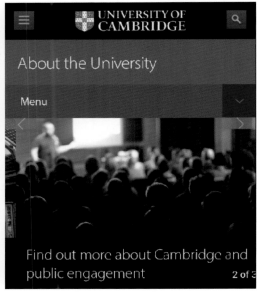

그림 2.38-1 University of Oxford Identity Colors 및 Campus Map: 평면/Interactive

Oxford Blue
1. CMYK: 100, 80, 0, 60
2. RGB: 0, 33, 71

	Pantone no	Process (CMYK)	Screen (RGB)
	Pantone 279	C=69 M=35 Y=0 K=0	R=72 G=145 B=220
	Pantone 291	C=36 M=7 Y=2 K=0	R=158 G=206 B=235
	Pantone 5405	C=78 M=51 Y=37 K=13	R=68 G=104 B=125
	Pantone 549	C=65 M=27 Y=25 K=1	R=95 G=155 B=175
	Pantone 551	C=36 M=12 Y=14 K=0	R=161 G=196 B=208
	Pantone 562	C=88 M=34 Y=57 K=14	R=0 G=119 B=112
	Pantone 624	C=55 M=23 Y=43 K=1	R=123 G=162 B=150
	Pantone 559	C=27 M=7 Y=25 K=0	R=188 G=210 B=195
	Pantone 576	C=64 M=25 Y=100 K=7	R=105 G=145 B=59
	Pantone 578	C=30 M=6 Y=51 K=0	R=185 G=207 B=150
	Pantone 580	C=20 M=4 Y=37 K=0	R=206 G=219 B=175
	Pantone 583	C=39 M=17 Y=100 K=1	R=170 G=179 B=0
	Pantone 585	C=16 M=3 Y=69 K=0	R=219 G=222 B=114
	Pantone 587	C=12 M=2 Y=51 K=0	R=227 G=229 B=151
	Pantone 7412	C=16 M=59 Y=96 K=2	R=207 G=122 B=48
	Pantone 129	C=4 M=16 Y=84 K=0	R=245 G=207 B=71
	Pantone 127	C=6 M=8 Y=66 K=0	R=243 G=222 B=116
	Pantone 202	C=31 M=95 Y=672 K=31	R=135 G=36 B=52
	Pantone 200	C=18 M=100 Y=83 K=8	R=190 G=15 B=52
	Pantone 196	C=6 M=25 Y=10 K=0	R=235 G=196 B=203
	Pantone Warm Gray 6	C=36 M=35 Y=38 K=1	R=167 G=157 B=150
	Pantone Warm Gray 3	C=22 M=19 Y=23 K=0	R=199 G=194 B=188
	Pantone Warm Gray 1	C=11 M=9 Y=12 K=0	R=224 G=222 B=217
	Pantone 872 (Gold)	C=0 M=21 Y=60 K=30	not applicable
	Pantone 877 (Silver)	C=51 M=40 Y=39 K=4	not applicable

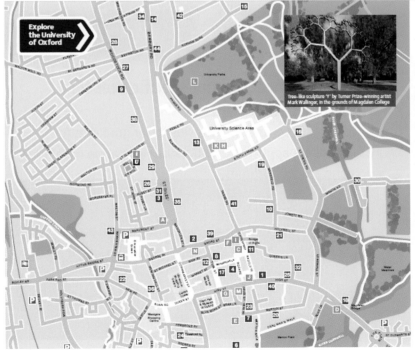

그림 2.38-2 University of Oxford Signs, Publications, Websites

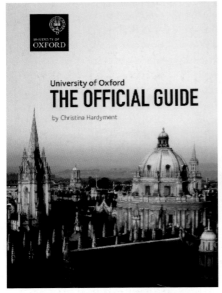

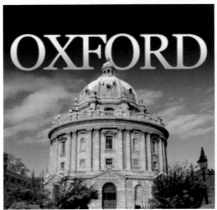

7. 사진(Photography)

관광 · 방문안내지도 제작을 하는 데 있어서 사진은 부수적인 요소이다. 따라서 첨부 기준, 게재 최소규격에 적합하고, 컬러와 해상도의 일관성을 유지할 수 있도록 사진을 게재 · 처리해야 한다.

① **첨부 기준**: 제도제작 기본 콘셉트에 적합, 자연스러움, 명료함, 생동감 등

② **최소 규격**: 25×20 mm 또는 20×25 mm

③ **컬러 일관성**: 동일한 사진, 일러스트를 게재할 경우에는 컬러 일관성을 유지하도록 유의해야 한다.

그림 2.39 사진 해상도 처리 사례: 대한성공회 서울주교성당 리플릿 표지

참고: Ware, Colin. *Information Visualization: Perception for Design Interactive Technologies*. 2004. pp. 97~144.

International Paper Company. *Pocket Pal: A Graphic Arts Production Handbook*. 20th Edition. 2007. pp. 131~156.

8. 인쇄(Printing)

흑백, 컬러 인쇄

주제가 단순한 경우, 아래 사례에서 알 수 있는 바와 같이 흑백(Black/White) 또는 청색(Blue) 등으로 인쇄한 경우도 있으나 대부분 컬러로 인쇄하고 있다.

그림 2.40

흑백 방문안내지도:
미국 Emma Willard
School(중 · 고등학교)

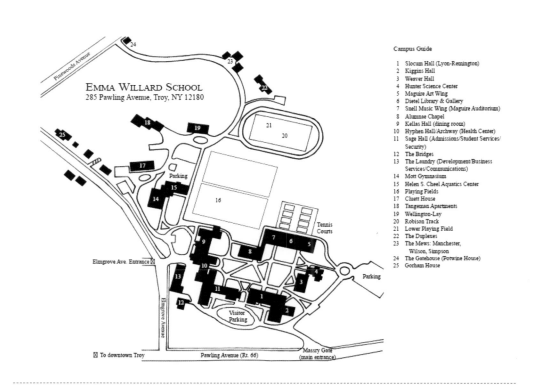

단면 또는 양면 인쇄

수록정보의 수량, 용도 등에 따라서 단면 또는 양면으로 인쇄하면 될 것이다. 다만, 양면인쇄를 할 경우에는 반대면의 인쇄상태가 비침이 없는 종이를 선택해야 한다.

종이(Paper) 선택: 지질(Quality) 및 종류(Kinds)

① 종이 질: 1) 표면은 번들거림(Glare)이 없어야 하고, 2) 양면인쇄를 했을 경우 비침(Show-through)이 없도록 충분한 무게(Sufficient Weight)를 가져야 하며, 3) 부서짐을 방지하도록 탄력성이 좋아야 한다.

② 종이종류: 선택사항

- 중질지: 100% 미만~15% 이상 표백 쇄목펄프를 배합·사용
- 코트지: 표백 화학펄프와 표백 쇄목펄프를 혼용하여 생산한 원지+광물질 코팅

접지(Folding) 방식

지역형태에 따라서 전지(全紙)에 대한 활용방안이 결정될 것이다. 다시 말하면, 접지에 대한 기준은 특별히 제시하기가 곤란하기 때문에 국제적인 사례를 참고하고, 지역형태가 정사각형, 가로 또는 세로 직사각형인가에 따라서 전지를 어떻게 절단할 것인지가 결정하고, 몇 단으로 접지를 할 것인가에 대한 문제도 지도의 규격, 형태, 휴대편의, 경제성 등을 고려하여 적절하게 결정하면 될 것이다.

① 접지 사례 1: 1단/無접(예: A3 규격 이하: 420×297 mm)

② 접지 사례 2: 1단/6접(예: 가로 280 mm×세로 180 mm, 마진 포함)

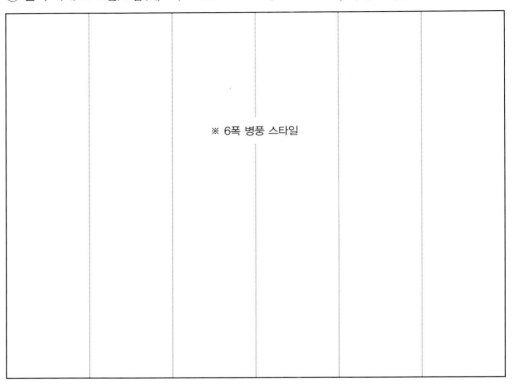

※ 6폭 병풍 스타일

9. 해상도(Resolution): 적용기준 및 사례

지도의 해상도는 대단히 중요한 문제로 상세 계획수립, 그래픽 작업, 출력과정에서 발생할 수 있는 문제다. 그러므로 다음과 같은 범위에서 출력할 수 있도록 유의해야 한다.

① 광택 종이 인쇄: 300~400 dpi

② 무광택 종이 인쇄: 200~300 dpi

③ 신문용지 인쇄: 60~120 dpi

④ 잉크젯 프린팅(소재: Fiberglass, Fused Polycarbonate, Direct Imaging Polycarbonate, Laminate): 보통 100~150 dpi, 고급 240~720 dpi

⑤ 디지털 사진 프린팅(기종: Lambda, Light Jet 등): 200~400 dpi

⑥ 컬러 레이저 프린팅: 150~200 dpi

⑦ 법랑 프린팅(Porcelain Enamel) : 180~200 dpi

⑧ 디스플레이 스크린 또는 인터넷 프린팅: 72~100 ppi

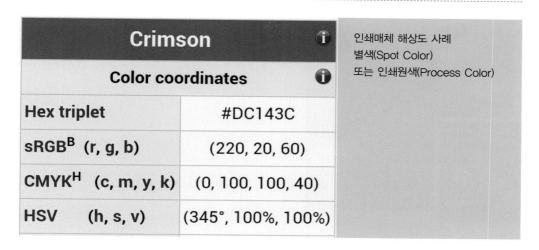

그림 2.41
인쇄매체와 전자매체의 해상도 비교:
Harvard University 사례

※ 색상(H: Hue), 채도(S: Saturation), 명도(V: Value), B(Byte), H(Hundred)

※ 출처: Wikipedia − Harvard University Identity Colors를 토대로 재작성했다.

※ 참조: dpi(dots per inch)와 ppi(pixels per inch)는 인쇄물과 모니터의 해상도를 측정하는 단위이다. 그런데 일반적으로 인쇄의 경우는 dpi 단위로, 스크린 또는 모니터의 경우는 ppi 단위로 표기하지만 의미의 차이는 없다. 오늘날은 ppi로 표준화하여 표기하기도 한다.

※ 참고: International Paper Company. *Pocket Pal: A Graphic Arts Production Handbook.* 20th Edition. 2007. pp. 131−154. Harpers Ferry Center. *Digital Image Guide for Media Production.* March 2010. pp. 1~9. 등

트레킹 코스(Red Line)의 해상도 및 컬러화하기와 관련한 사례를 예로 들면 [그림 2.43]의 내용과 같다.

그림 2.42

**CMYK 출력 및
해상도 사례**

출처: International Paper Company. *Pocket Pal: A Graphic Arts Production Handbook*.19th Edition. 2003. p. 90.

그림 2.43

**해상도 불량 및 우수
사례**

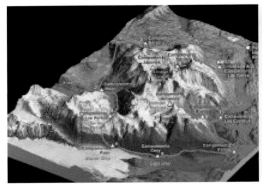 

해상도 불량   해상도 우수

출처 : 세계적으로 저명한 그래픽 디자이너 Steve Walkowiak / SWmaps.com

10. 저작권(Copyright)

저작물 사용 관련

개인 또는 법인소장 내용물(시스템과 콘텐츠)을 인용하고자 하는 사람은 출처와 실명
(예: 연구책임 허갑중 또는 사단법인 한국관광정보센터)을 명시하여야 한다.

　※ 참조: 저작권법 제37조(출처의 명시) 제①항과 제②항

저작자 또는 조직의 저작물 사용 관련

관광 · 방문안내지도를 계획 · 제작하기 위해서 저작권자인 개인 또는 조직(단체) 소유

의 사진, 일러스트, 그림 등을 사용하고자 할 경우에는 사전에 게재 또는 무료사용 허가를 받거나 매입해서 사용하도록 해야 한다.

11. 상세 계획수립 및 실행 사례: 〈2014인천아시안게임〉 경기장 분포도

분포도

관광 · 방문안내지도는 아래 〈표 2.3〉에서 알 수 있듯이 기능측면에서 두 가지, 즉 정확한 지리적 위치안내(Orientation 또는 Navigation) 지도와 전체 모음안내(Codification) 지도가 있다. 그런데 위치안내 기능에 대한 사안은 앞서 충분히 기술하였기 때문에 여기서는 실용목적이 아니라 단순히 지리적 분포 상태를 알 수 있도록 보여주기 위한 목적의 지도, 즉 분포도에 대해서 기술한다.

표 2.3 관광 · 방문안내지도의 기능과 매체 및 종류

2개 기능			3개 매체, 네 가지 지도제작	
1. 위치안내 : 분포포함 예: 관광 · 방문, 쇼핑 명소 등	1		① 종이지도	
2. 전체 모음안내 예: 명승유적, 경기장 등	2	2.1	② 노변전시 표지판 게시 지도: 패널	※ 시력약자와 정상인이 함께 볼 수 있도록 처리하고, 약자 기본인권을 배려
		2.2	③ 벽면부착 표지판 게시 지도: 패널	
	3		④ 디지털 지도	

관광 · 방문안내와 관련한 전체 모음안내 분포도는 두 가지, 즉 역사문화유적 분포도와 경기장 분포도 정도이다. 또한 〈2014인천아시안게임〉과 〈2014브라질월드컵〉 경기장 분포도처럼 대상만을 표시한 정통 스타일과 문화축제와 연계한 확장형 스타일이 있다. 국내 언론사에서 제작한 분포도의 경우, 신문 · 잡지에 게재한 분포도는 문제가 별로 없다. 그리고 1956년 북조선(북한) 문화선전성이 제작하여 유료로 판매했던 〈조선 명승 유적 분포도〉 경우에도 전혀 문제가 없다. 그런데 국내에서 관광 · 방문안내지도 제작을 전문으로 하고 있는 민간업체들이 제작한 분포도는 [그림 2.44]에서 알 수 있듯이 현재까지도 분포도 개념조차도 이해를 못한 상태에서 제작하고 있는 실정이다.

그림 2.44 국내 관광 · 방문안내 분포도 제작사례

〈2014인천아시안게임〉 경기장 분포도(7개 중 두 가지)

〈2015광주유니버시아드〉 경기장 분포도

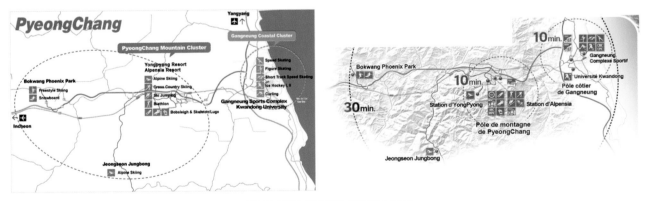

〈2018평창동계올림픽〉 경기장 분포도

그림 2.45   해외 관광·방문안내 분포도 제작사례

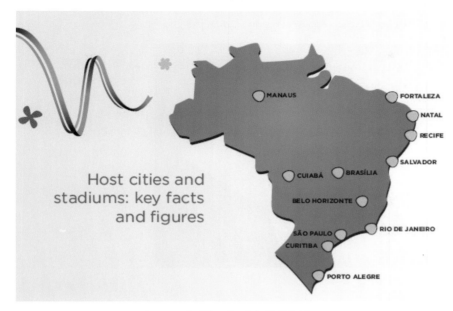

〈2014브라질월드컵〉 경기장(정통) 분포도

〈2014브라질월드컵〉 경기장(확장) 분포도

• 조선 명승 유적 분포: 프랑스 루브르 소장
• 1956년 북한 문화선전성 제작: 유료

FIFA Identity Color   Lighter Corporate Blue

출처: FIFA. *The FIFA Brand Evolution: Brand Management*. 2013. p. 4.

브라질 국기 컬러 및 의미
Green : Forests
Yellow : Gold
Blue : Sky
White : Peace

상세 계획수립 사례

관광 · 방문안내지도의 기능은 크게 두 가지인데 상세 계획수립을 하는 과업과정과 내용에는 큰 차이가 없다.

그래서 〈2014인천아시안게임〉 경기장 분포도 제작을 위해서 수립 · 시행했던 사례를 예로 들면 다음에 제시한 사례와 같다. 그런데 당초 상세 계획수립을 하고, 그래픽 작업을 수행하던 과정에서 약간 변경한 부분이 있다. 왜냐하면 상세 계획수립을 하기 전에 업무 담당관에게 확인하였을 때는 사진이 있다고 하여 상세 계획수립을 추진하였다. 그런데 사진을 제공받고 검토한 결과 콘셉트에 부적합하고, 해상도가 낮아서 적용할 수가 없었던 관계로 당초 계획을 부득이 변경하여 제작한 최종결과는 국 · 영문 각각 세 가지씩으로 여섯 가지와 리플릿 두 가지를 합하여 총 여덟 가지다. 일반인에게 공개하여 제공할 수 있는 것 네 가지와 조직위원회 내부에서 부처별 업무추진 용도(예: 부서별 업무수행, 국내외 방문 귀빈 설명 등)로만 사용하도록 제작한 국 · 영문 두 가지 지도를 포함하여 제시하면 119~123쪽에 제시한 사례와 같다.

관광·방문안내지도 제작을 위한 상세 계획수립 사례

〈2014인천아시아경기대회〉 관광·방문안내지도 : 경기장 분포도 제작 상세 계획서

허갑중 박사·소장

(사)한국관광정보센터

목차

I. 지도제작 상세계획

1. 제목: 17회 2014인천아시아경기대회 - 공식 방문안내지도,

규격: 35 point(12 mm)

　17th Asian Games Incheon 2014 - Official Visitor Map

2. 목적: 국내외 방문 · 관광객들에게 경기장 전체 모음분포에 대한 이미지를 전달하기 위함

3. 용도: 통합적 국제 표준화

　　① **종이 지도**

　　② **표지판 게시 지도**

　　③ **가이드북 게재 지도**

　　④ **웹 사이트 게재 지도**

4. 형태 및 시안 종류: 평면지도＋경기장 Photos

5. 지도범위: 1/50,000 축척지도 기반, 화성시 및 충주시 경기장은 별도 표시 동쪽 : 하남 미사리경기장, 서쪽: 강화도, 남쪽: 수원 경기장, 북쪽: 강화도 경기장

6. 제작시안 2개: 1안(위치분포 이미지), 2안(1안 + 고속/일반국도)

7. 규격: 인천, 서울, 경기지역을 포함한 형태: 가로형식 직사각형

　　※ 참조: 지도 및 리플릿 디자인 시안

　　① **지도 크기**: 가로 280 mm×세로 180 mm

　　② **리플릿 크기**: 가로 560 mm×세로 270 mm(Pocket Size)

8. 종이무게: (인쇄할 경우) 120 g

9. 절지: (인쇄할 경우) 세로 5절 6쪽(※ 6폭 병풍 스타일)

10. 표기 항목: 59개 항목

　　① **경기장 49개 및 사진게재**: 1개 주경기장 + 48개 경기장을 지도외곽에 배치(※ 참조 : 별첨 시안)

　　② **선수촌 1개, 본부호텔 2개, 미디어 센터 1개**

　　③ **랜드마크 6개:** 인천국제공항, 김포국제공항, 인천국제여객터미널, 인천역, 국제업무지구역, 인천종합터미널

11. 표준 지도요소

　① 육지, 바다, 강, 호수, 산

　② 광역지자체 행정구역 경계선 및 명칭

　③ 경기장

　④ 랜드마크

　⑤ 선수촌

　⑥ 미디어 센터

　⑦ 고속 · 일반국도 노선 및 위계고려 표시

　⑧ 방위표시

12. 표기언어

　① **기본 언어:** 국문, 영문

　② **번역 언어:** (추후 필요할 경우) 중문, 일문 등으로 제작

13. 글꼴

　① **San Serif Styles**

　② **Capital & Lowercase:** 국문 : 윤 고딕 B, M, L; 영문 : Helvetica B, M, L

14. 문자크기

　① **표지 제목(Cover Title) 및 광역:** 23 point(8 mm), White

　② **부제(Sub-Title) 및 기초지자체:** 12 point(4.2 mm), White 및 Brown Black

　③ **본문**(Body Copy): 10 point(3.5 mm), Black

　④ **거리명칭**(Street Names) : 6 point(2.0 mm), Black

15. 색상: 정체성 표현을 위하여 2014인천아시아경기대회 공식 색상 적용

　(※ 올림픽 공식컬러)

　① Red, ② Light Blue, ③ Light Green + ④ **Black** + ⑤ Gold(Yellow)

16. 색인

Ⅱ. 표준 지도요소: 항목, 그림표지(KS규격), Color, Size 등

1. 경기장: 번호 그림표지, 색상, 규격 및 경기장 사진과 연계

　❶ Black/White, 종이지도 10 point(3.5 mm), 웹지도 13 point(4.5 mm)

2. 랜드마크

(1) 국제공항: 그림표지, 색상, 규격

① **인천국제공항** Incheon Intl Airport

② **김포국제공항** Gimpo Intl Airport

 Black/White, 14 point(5 mm)

(2) 철도: 인천국제공항철도역 KTX, 그림표지, 색상, 규격

 Black/White, 14 point(5 mm)

(3) 지하철: 인천역/국제업무지구역 Metro Stn, 그림표지, 색상, 규격

 Yellow/Black, 14 point(5 mm)

(4) 인천국제여객터미널: Incheon Port Intl Passenger Terminal, 그림표지, 색상, 규격

 Black/White, 14 point(5 mm)

(5) 인천종합터미널: Incheon Bus Terminal, 그림표지, 색상, 규격

 Black/White, 14 point(5 mm)

(6) 선수촌: Athletes Village, 그림표지, 색상, 규격

 Brown/White, 14 point(5 mm)

(7) 본부호텔: HQ Hotel 1 & 2, 그림표지, 색상, 규격

 Brown/White, 14 point(5 mm)

(8) 미디어 센터: Media Center, 그림표지, 색상, 규격

 Blue/White, 14 point(5 mm)

3. 지자체: 명칭, 경계선: 그림표지, 색상, 규격

(1) 광역자치단체: 인천, 서울, 경기 Dark Black

- 광역자치단체명: 광역 사례) All CAPS 인천 INCHEON, 서울 SEOUL

(2) 기초자치단체 Dark Black: 서울 전체, 경기 일부 제외

- 기초자치단체명: CAP/Lower case 사례) 강화 Gangwha, 김포 Kimpo

— · — · — · —	광역시 · 도	14 point

4. 방위: 그림표지, 규격, 색상

 Black/White, 18 point

5. 도로: 노선 번호 그림표지, 노선 색상, 규격

① 고속도로	25	그림표지 14 point	—— 1.5 mm Light Red	노선크기 4 point
② 일반국도	17	그림표지 14 point	—— 1.0 mm Dark Blue	노선크기 3 point

6. 지형: 구분 및 색상, 문자표기

① 육지	Light Gold C 5, M 5, Y 30, K 0	
② 바다/강	C: 60 M: 30 Y: 5 K: 0	바다 : All CAPS, Light 이태리, YELLOW SEA(문자색상 White) 강 : CAP/Lower case, Light 이태리, Hangang River (문자색상 White)
③ 산/공원	Light Green C 40, M 0, Y 80, K 0	

※ 비주얼 해상도: 사진, 일러스트 등 160 pixel per centimeter(1,050 pixel per inch)
   이상

III. 지도 및 리플릿 디자인 시안

WELCOME TO ASIAN GAMES 2014 INCHEON 위원장 인사문안 (기존 자료적용) ※ 전면 Cover 내면 ※ **리플릿 규격** mm 가로: 93X6점=560 세로: 22.5x12=270 ※ **지도크기** mm 가로: 280 세로: 180	(1) 주경기장4	사진	사진	사진	사진	사진	사진	사진	사진	사진	사진
사진	사진
사진	사진
사진	사진
사진	사진
사진	사진
사진	사진
사진	사진
사진	사진
사진	사진
사진	사진
사진	사진

Legend
1. 경계 지자체경계선
2. 고속도로
3. 일반국도
4. 인천 국제공항
5. 김포 국제공항
6. 인천국제여객터미널
7. 인천역
8. 국제업무지구외
9. 인천종합터미널
10. 선수촌

※ 참고: 그래픽 작업과정에서 사진수준이 낮아서 부적합하고, 실물지도 규격(280×180 mm)이 작아서 당초에 고속도로 규격 3 mm, 국도 규격 2 mm로 했던 계획을 변경하여 실물지도와 적합하게 고속도로 1.5 mm, 국도 1 mm로 조정하여 별첨과 같은 최종결과를 산출했다.

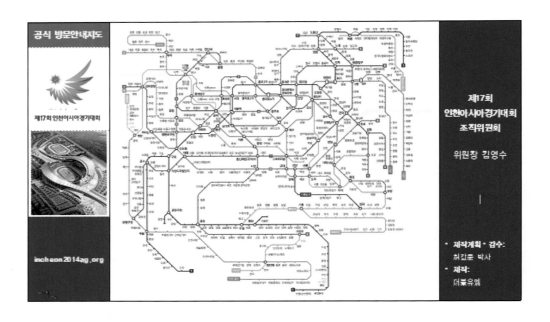

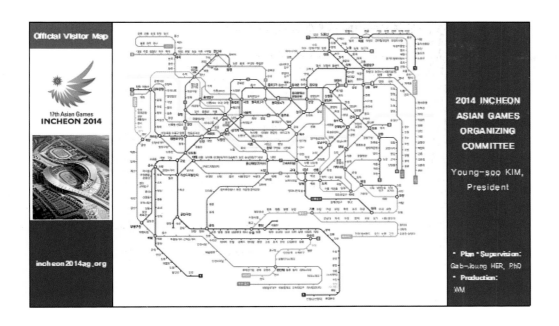

※ 참고 1: 방문 · 관광안내지도 제작과업 추진단계: 경기장 분포도 사례

추진단계	주관기관(책임자)	과업내역	참고
1	발주기관 : 인천아시아 경기 대회조직위원회 기획팀(담당관)	지도제작 과업발주 : 과업지시서	안내지도 非전문가
2 ↓↑	Maps 계획수립 전문가: 한국관광정보센터(허갑중 박사)	지도제작 상세 계획 수립 by 과업지시서	• **방문 · 관광안내지도 관련 전문가** • 2, 3, 4 단계는 하나의 세트 과업
3 ↓↑	Maps 제작전문 업체 전문가	지도제작 시안제작 by 지도제작 상세 계획	
4 ↓↑	Maps 계획수립 전문가: 2단계 연계, 한국관광 정보 센터(허갑중 박사)	지도제작 시안감수 by 지도제작 상세 계획	※ 허갑중이 수립한 〈한국 방문 · 관광안내 지도 계획 · 디자인 · 제작을 위한 표준 가이드라인(시안)〉을 적용 · 실행
5 ↓↑	전문 인쇄/웹 등 업체	인쇄/웹 등재 등 by 지도 제작 완성원판	
6	과업수주 업체 및 발주기관	완성품 납품 · 검수	

※ **참고 3: Olymp**ic ① Classification, ② Olympic Identities, ③ Identities' Colors

① Classification
1. Summer Olympic Games
2. Winter Olympic Games

② Olympic Identities
• Invention vs
• Convention — Revolution vs
• Revelation

③ Identities' Colors: Blue, Yellow, Black, Green, Red

※ **참고 4: 〈2014인천아시안게임〉 Official Emblem 및 컬러**

Olympic Council of Asia

2014인천아시안게임조직위원회

Red, Light Blue, Light Green, Dark Blue+Gold?

※ 17th Asian Games Incheon 2014 Graphic Standards Manual 문제점: 근거기준이 없음

※ **조직위계: IOC ↔ Olympic Council of Asia ↔ 2014 Incheon Asian Games Organizing Committee**

상세 계획수립 실행사례: 〈2014인천아시안게임〉 경기장 분포도

- 국문 〈2014인천아시안게임〉 경기장 분포도 사례

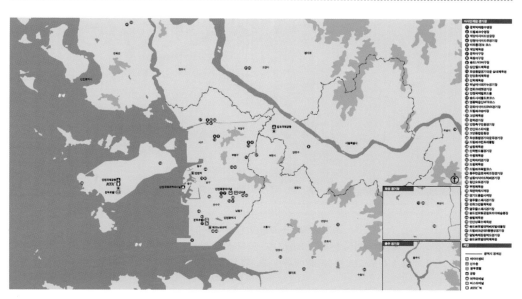

〈2014인천아시안게임〉 경기장 분포도: Paper Map, 국내 최초 선진 과업추진체계 및 국제기준 적용

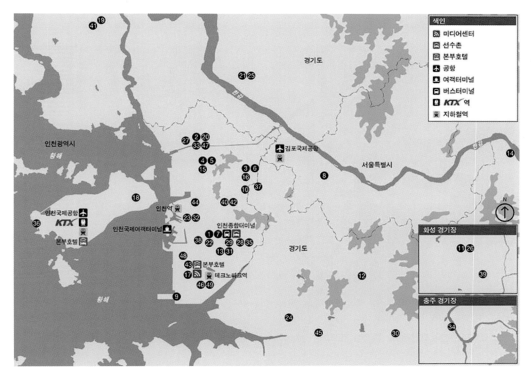

〈2014인천아시안게임〉 경기장 분포도: Web Map, 국내 최초 선진 과업추진체계 및 국제기준 적용

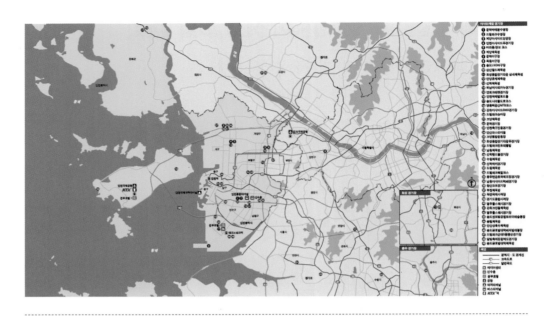

종이 분포도＋교통망 연계＝패널지도
〈2014인천아시안게임〉 경기장 분포도: 패널지도, 국내 최초로 선진 과업추진체계와 국제기준 적용
※ 외부 비공개 분포도로 조직내부에서만 국내외 VIP 설명, 행사대비 등 다목적으로 활용

● 영문 〈2014인천아시안게임〉 경기장 분포도 사례

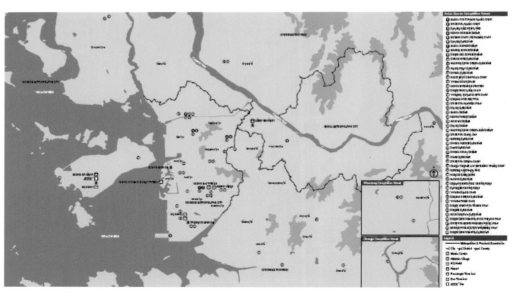

〈2014인천아시안게임〉 경기장 분포도: Paper Map, 국내 최초 선진 과업추진체계 및 국제기준 적용

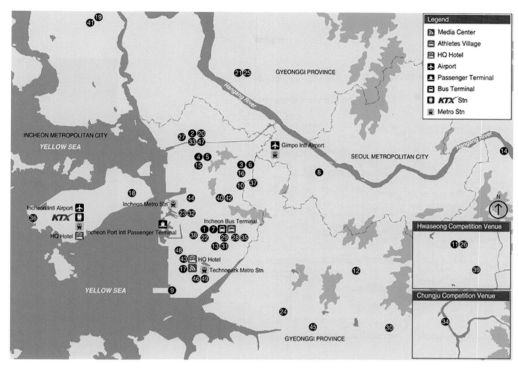

〈2014인천아시안게임〉 경기장 분포도: Web Map, 국내 최초 선진 과업추진체계 및 국제기준 적용

종이 분포도＋교통망 연계＝패널지도
〈2014인천아시안게임〉 경기장 분포도: 패널지도, 국내 최초로 선진 과업추진체계와 국제기준 적용
※ 외부 비공개 분포도로 조직내부에서만 국내외 VIP 설명, 행사대비 등 다목적으로 활용

● 〈2014인천아시안게임〉 경기장 국문 리플릿 사례

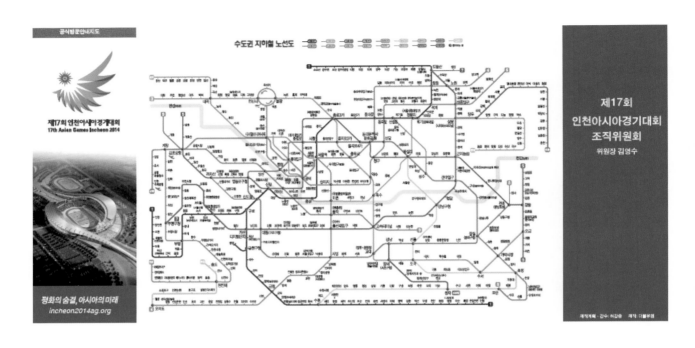

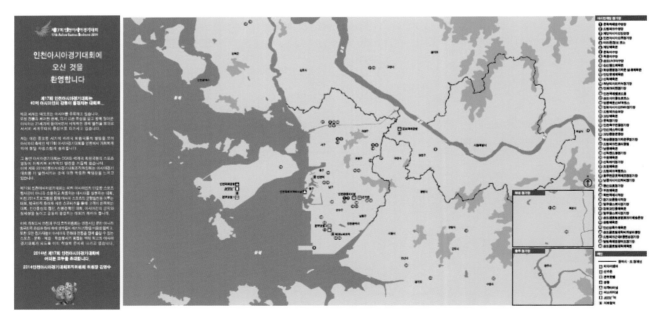

● 〈2014인천아시안게임〉 경기장 영문 리플릿 사례

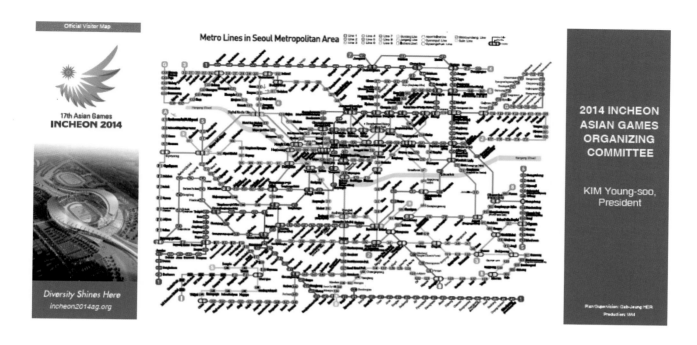

03

표준 지도요소 및
표기법

표준 지도요소(Standard Map Elements)란 글꼴(Typefaces),
타이포그래픽 표준(Typographic Standards), 심벌(Symbols),
지역 컬러(Area Colors), 지도 패턴 및 패턴 컬러(Map Patterns
& Patterns Colors), 지역 경계선(Boundary Lines), 축척 바
(Scale Bars), 방위화살표(North Arrows) 등처럼 지도제작
(Mapmaking)을 위한 지도요소들(Map Elements)의 표준
(Standards)을 말한다.

1. 표준 지도요소(Standard Map Elements)

관광 · 방문안내지도를 계획 · 디자인 · 출력하고자 할 때는 표준 지도요소(Standard Map Elements)와 실행 프로그램(Toolkit)을 기반으로 과업을 추진해야 한다. 그러나 특별한 사유가 있을 경우에는 제시된 것처럼 국제기준에 부합한 표준 지도요소를 자체적으로 수립하고 과업을 추진해도 된다.

글꼴 표준(Typeface Standards)

글꼴은 지역 정체성과 특성을 고려하여 선택 · 적용해야 할 사항이다. 따라서 특별하게 개발하거나 지정된 글꼴이 없다면 우수성이 검증된 글꼴을 적용하면 될 것이다.

그림 3.1
국 · 영문 글꼴 표준

글꼴	유형	표기 사례
국문	산돌고딕, 윤고딕 등	강화군 고창군 구례군 서천군 영월군 경주시 통영시
영문	Frutiger, Helvetica, Futura, Univers 등	Frutiger Roman ABCDEFGHIJKLMNOPQRSTUVWXY abcdefghijklmnopqrstuvwxyz 0123456789 Frutiger Bold ABCDEFGHIJKLMNOPQRSTUVWXY abcdefghijklmnopqrstuvwxyz 0123456789
	Rawlison, Adobe Caslon, Lucida, Sabon 등	NPS Rawlinson ABCDEFGHIJKLMNOPQRSTUVWXYZ abcdefghijklmnopqrstuvwxyz 0123456789 0123456789 NPS Rawlinson Bold ABCDEFGHIJKLMNOPQRSTUVWXYZ abcdefghijklmnopqrstuvwxyz 0123456789 0123456789
한문	산돌고딕, 윤고딕 등	江華郡 高敞郡 求禮郡 舒川郡 寧越郡 慶州市 統營市

출처: Carter, Rob, Ben Day, and Philip B. Meggs. *Typographic Design: Form and Communication*. 2006. pp. 133~137, pp. 187~217.

Institute of Typography Engineering Research. *typecosmic: digital type collection serif & sans serif*. 1994.

Pao, Imin, Joshua Berger. *30 Essential Typefaces for a Lifetime*. 2006. pp. 94~109, pp. 118~135. pp. 170~177, pp. 228~235, pp. 252~259.

※ 유의 : 국 · 영문의 경우 위에 제시한 영문 NPS Rawlison 글꼴과 같은 Serif 글꼴을 제목(Title)과 부제목(Subtitle) 표기에는 사용할 수 있으나 본문 표기는 San Serif 글꼴만을 사용해야 한다.

(1) 글꼴구조 특성과 표준 글꼴(Standard Typefaces): 한글, 영문, 한자

[그림 3.2]에서 알 수 있듯이 국·중·일문의 글꼴구조는 정사각형이고, 영문은 기하학적 구조의 특성을 갖고 있는 관계로 물리적, 심리적인 시각적 인지도에 차이가 있는 관계로 선택·적용할 때는 유의하여 적용하는 것이 좋다.

	종류	기본구조	물리적으로 (Physically) 규격이 동일할 경우, 시각적 인지도 순위 및 사례			심리적으로(Psychologically) 시각적 인지도가 유사한 경우, 시각적 인지도 비율과 사례		
			비율	순위	사례	비율	포인트	사례
a	국문	□ □ □	100	2	한국	100	20	한국
b	영어	△ □ ○	100	1	Korea	80	16	Korea
c	중문	□ □ □	100	3	韓國	110	22	韓國

그림 3.2
국·영·중문 글꼴 구조의 특성과 시각적 인지도 차이 비교

출처: 허갑중. 관광·방문안내지도 표준 가이드라인 : 계획·디자인·출력(시안)에서 재인용

(2) 글자크기 확대 또는 축소와 시각적 인지도 면적 차이

가로와 세로 길이가 동일한 정체를 기준으로 글자크기를 확대 또는 축소할 때의 시각적 인지도 면적 차이를 비교하면 [그림 3.3]에서 알 수 있듯이 확연하게 차이가 있음을 알 수 있다. 따라서 글자크기를 결정할 때는 앞서 기술한 물리적 크기와 심리적 크기의 관계도 함께 고려해서 결정하고 표기하도록 유의해야 한다.

그림 3.3 글자크기와 시각적 인지도 면적 차이(한 칸 길이 기준: 20)

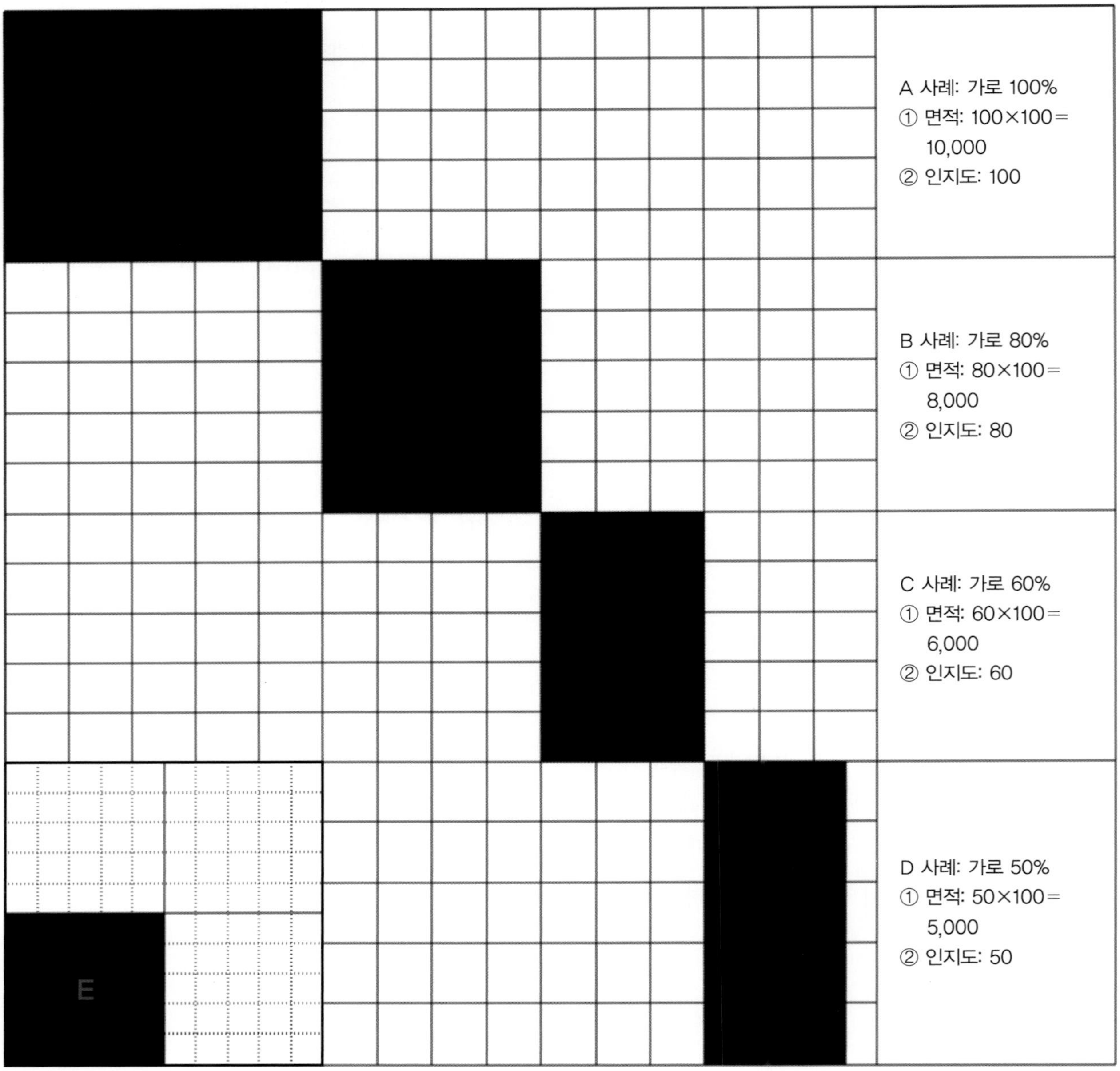

A 사례: 가로 100%
① 면적: 100×100＝
10,000
② 인지도: 100

B 사례: 가로 80%
① 면적: 80×100＝
8,000
② 인지도: 80

C 사례: 가로 60%
① 면적: 60×100＝
6,000
② 인지도: 60

D 사례: 가로 50%
① 면적: 50×100＝
5,000
② 인지도: 50

E 사례: 가로와 세로 길이를 각각 50%, 즉 1/2로 축소하면 면적: 2,500/인지도: 25%로 축소, 즉 1/4로 떨어진다. 다시 말하면, 시각적 시인성이 상대적으로 떨어진다는 의미이다.

타이포그래픽 표준(Typographic Standards)

(1) 타이포그래피 개념

오늘날 타이포그래피(Typography)는 인쇄나 전자 커뮤니케이션을 보다 효과적이고 효율적으로 만드는 필수불가결한 요소다. 이런 타이포그래피는 특정 대상, 즉 지자체, 조직, 건축물 등이 갖고 있는 정체성에 대한 문자의 시각적 표현이다.

타이포그래피의 디자인 요소인 Typeface, Size, Weight, Style, Leading, Line Length, Spacing 등은 독자에게 정보의 본질과 위계에 대한 시각적 의미의 신호를 전달한다.

- 글꼴(Typefaces): 산돌, 윤고딕, Frutigrer, Helvetica, Futura, Univers 등
- 크기(Size) 단위: 포인트(1 Point = 0.3514 mm)
- 가중치(Weight): Bold, Midium, Light
- 스타일(Style): 정체와 장체(※정체를 기준으로 하되, 장체(長體)의 경우에는 정체의 가로 폭의 80%까지만 축소하여 표기할 수 있다), 이탤릭 등
- 도입부(Leading): 제목, 부제목, 본문
- 글줄 길이(Line Length): 6~8개 단어(※ Eyeful 기준의 Column 편집)
- 간격(Spacing) : 문자와 문자, 단어와 단어, 행과 행

관 광 안 내
관광안내
관 광 안 내

◀ 짜임새 없는 표기
(No Kerning)

◀ 지나친 밀착 표기
(Too Tight)

◀ 균형 잡힌 표기
(Balanced) : 正體 표기 기준

출처 및 참고
- Brown, Alex. *in Print*. 1989. pp. 130~132. 참고하여 다시 작성하였다.
- Carter, Rob, Ben Day, and Philip B. Meggs. *Typographic Design: Form and Communication*. 2006. pp. 37~39.

(2) 타이포그래픽 표준: 국 · 영문 글꼴, 형태, 규격, 색상

관광 · 방문안내지도를 계획 · 디자인 · 출력하기 위한 국 · 영문 타이포그래픽 표준을 제시하면 다음 [그림]에서 제시한 내용과 같다.

국문은 산돌글꼴, 영문은 Frutiger Roman과 Bold을 적용한 실례를 들었다. 중문 및 일문은 글꼴 구조가 같기 때문에 국문 타이포그래픽 표준을 준용하면 될 것이다.

① 국문 타이포그래픽 표준: 종이와 패널지도용

	항목	세부내역
1	관광지 Tourism sites	**관광지 명칭** 산돌고딕B, 36 point, C : 30 M : 85 Y : 100 K : 20 **관광 안내소** 산돌고딕B, 30 point, C: 30 M: 85 Y: 100 K: 20 **관심지역** 산돌고딕B, 24 point, C: 0 M: 0 Y: 0 K: 100 기타 기타 산돌고딕M, 14 또는 18 point, C: 0 M: 0 Y: 0 K: 100
2	행정구역 Political areas	**관심** 산돌고딕B, 26 point, C: 0 M: 0 Y: 0 K: 60 광역시 · 도 산돌고딕M, 20 point, C: 0 M: 0 Y: 0 K: 60 시 · 군 · 구 산돌고딕M, 14 point, C: 0 M: 0 Y: 0 K: 60 읍 · 면 · 동 산돌고딕L, 14 point, C: 0 M: 0 Y: 0 K: 60 기타 산돌고딕L, 14 point, C: 0 M: 0 Y: 0 K: 100

① 국문 타이포그래픽 표준(계속)

항목		세부내역
3	도로와 소로 Roads and Trails	도로 도로 산돌고딕M, 14 또는 18 point, 도로와 나란히, C: 0 M: 0 Y: 0 K: 100 소로 소로 산돌고딕L, 14 또는 18 point, 소로와 나란히, C: 0 M: 0 Y: 0 K: 100 철도 · 페리 · 교통노선 철도 · 페리 · 교통노선 산돌고딕M, 14 또는 18 point, 경로와 나란히, C: 0 M: 0 Y: 0 K: 100
4	자연지형 Natural features	바다 · 연안 · 계곡 산돌고딕M, 24 point Italic, C: 80 M: 55 Y: 0 K: 0 저수지 · 연못　저수지 · 연못 산돌고딕M, 14 또는 18 point Italic, C: 80 M: 55 Y: 0 K: 0 강 · 연못 · 개울　강 · 연못 · 개울 산돌고딕M, 14 또는 18 point Italic, C: 80 M: 55 Y: 0 K: 0 고도　고도 산돌고딕M, 14 또는 18 point Italic, C: 0 M: 0 Y: 0 K: 100 등고선　등고선 산돌고딕L, 12 또는 14 point Italic, C: 0 M: 0 Y: 0 K: 100
5	기타 항목 Other labels and Directional notes	색인 색인 산돌고딕M, 14 또는 18 point, C: 0 M: 0 Y: 0 K: 100

② 영문 타이포그래픽 표준: 종이와 패널지도용

항목		세부내역
1	관광지 Tourism sites	**SITE NAME** 36 point Bold, All CAPS, track 100, prints black or highlight brown **Tourist Information** 30 point Bold, Caps/lower case prints black or highlight brown **Point of interest** 24 point, Bold, Caps/lower case **Other site Other site** 14 or 18 point Bold, Caps/lower case
2	행정구역 Political areas	**NATIONAL** 26 point, Bold, All CAPS, track 50, prints 50% black STATE 22 point Roman, All CAPS, track 50, prints 50% black COUNTY 14 point Roman, All CAPS, track 50, prints 50% black OTHER AREA OTHER AREA 14 or 18 point Light, All CAPS, track 50, prints 50% blac

② 영문 타이포그래픽 표준(계속)

	항목	세부내역
3	도로와 소로 Roads and Trails	Road **Road** 14 or 18 point Roman, Caps/lower case, align to road, showing type above the road line whenever possible Trail **Trail** 14 or 18 point Bold, Caps/lower case, align to trail Railway·Ferry·Transit Line **Railway·Ferry·Transit Line** 14 or 18 point Roman, Caps/lower case, align to route
4	자연지형 Natural features	*SEA·COAST·LAKE (LARGE OPEN)* 24 point Light Italic, All CAPS, track 50, overprints highlight blue *Reservoir·Pond* *Reservoir·Pond* 14 or 18 point Italic, Caps/lower case, overprints highlight blue *River·Stream·Brook* *River·Stream·Brook* 14 or 18 point Italic, Caps/lower case, overprints highlight blue *Height* *Height (Point Labels)* 14 or 18 point Italic, Caps/lower case (use with 9 point solid dot) *AREA LABELS* *AREA LABELS* 12 or 14 point Italic, ALL CAPS, track 25
5	기타 항목 Other labels and Directional notes	Legend Entries 14 or 18 point Roman, Caps/lower case

※ 유의: 타이포그래피 표준 시스템은 타당한 사유가 있을 경우에는 변경할 수 있으나 국제기준을 근거로 전체적으로 조화와 균형을 이룰 수 있도록 해야 한다.

※ 참고: Carter, Rob, Ben Day, and Philip B. Meggs. *Typographic Design: Form and Communication.* 2006. pp. 88~95.

(3) 컬러 조합(Color Combinations)

그래픽 심벌 또는 문안을 컬러 조합할 경우에는 아래 제시한 [그림 3.4] 사례에서 알 수 있듯이 정체성 표현과 읽기 쉬움(Legibility) 확보에 유의해야 한다.

그림 3.4

컬러 조합 사례

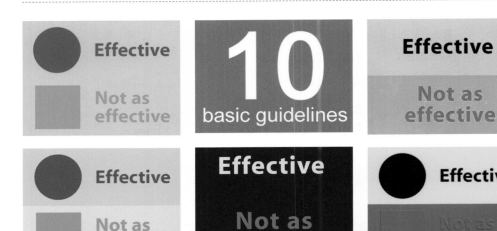

Figure Colors	우수 또는 불량	Ground Colors
Yellow	매우 우수	Black
White		Blue
Black		Orange
Black		Yellow
Orange		Black
Black		White
White		Red
Red		Yellow
Green		White
White		Orange
Orange		White
Green		Red
Red	매우 불량	Green

출처: http://www.lighthouse.org/accessibility. Dent, Borden, Jeff Torguson, and Thomas Hodler. *Cartography: Thematic Map Design*, 6th Edition. 2008. pp. 260~261, Carter, Rob, Ben Day, and Philip B. Meggs. *Typographic Design: Form and Communication*. 2006. p. 92 내용을 참고하여 다시 작성했다.

심벌 표준(Symbol Standards): 형태, 용어, 색상, 규격, 개발, 컬러 변경

(1) 지역 컬러 및 패턴(Area Colors · Patterns)

지역 색상(Area Colors)

지역(Areas)	색상(상세한 지침은 세부 실행계획에서 제시함)
① 바다(Sea), 강(River), 호수(Lake) 등	C: 30 M: 15 Y: 2 K: 0 C: 45 M: 18 Y: 2 K: 0 C: 60 M: 30 Y: 5 K: 0 C: 68 M: 38 Y: 8 K: 0
② 논·밭(Rice & Dry Field) 등	C: 40 M: 0 Y: 80 K: 0
③ 산지(Mountain)	C: 13 M: 7 Y: 28 K: 0 C: 18 M: 8 Y: 40 K: 0 C: 30 M: 10 Y: 55 K: 0 C: 38 M: 13 Y: 76 K: 0 C: 44 M: 17 Y: 80 K: 0
④ 관광지(Tourism Site)	C: 25 M: 40 Y: 65 K: 0
⑤ 도심·마을(Town, Village) 등	C: 5 M: 5 Y: 30 K: 0
⑥ 공단(Industrial Complex)	C: 0 M: 0 Y: 0 K: 40
⑦ 기타, 일반	C: 4 M: 4 Y: 7 K: 0

지도 패턴(Map Patterns)

갯벌 (Tidal Flat)	백사장 (Sand)	자갈밭/암반 (Stone)	습지 (Swamp)	숲 (Tree)

(2) 도로 및 소로(Roads and Trails): 형태, 색상, 규격

노선 번호와 규격: 아라비아 숫자의 수량과 실물 지도크기에 따라서 조절 가능함

도로 유형	노선문양	숫자규격	색상 선 규격	
① 고속국도(Highway)	(25)	20 pt	C: 5 M: 40 Y: 70 K: 0	8 pt
② 국도(N-Road) 및 국가지원지방도(NR-Road)	(17)	14 pt	C: 5 M: 10 Y: 70 K: 0	4 pt
③ 지방도(R-Road)	22	10 pt	C: 0 M: 0 Y: 40 K: 0	2 pt
④ 시도(City Road)	6	8 pt	C: 0 M: 0 Y: 0 K: 0	2 pt
⑤ 군·면도	⑥	6 pt	C: 0 M: 0 Y: 0 K: 0	2 pt
⑥ 소로(산책/등산), 관광 루트	···		······ 또는 ······ 등	2 pt
⑦ 자전거 길	···			5 pt

출처 및 참고 : 국토해양부. 도로표지관련규정집(2006.06). 25~31쪽

(3) 철도(Railroads): 형태, 색상, 규격

① 고속철도(KTX)		8 pt
② 일반철도(Railroad)		4 pt
③ 도시철도(Metro): 지하철	노선번호별 적용	2 pt

(4) 선박 항로(Ship Seaway): 형태, 색상, 규격

① 정기 여객선	– – – – – – – – – –	3 pt
② 크루즈, 페리	– – – – – – – – –	3 pt

(5) 경계선(Boundaries): 형태, 색상, 규격

국가	—— · —— · —— · ——	5 pt
광역시 · 도	—— · —— · —— · —	3 pt
시 · 군 · 구	— ·· —— ·· —— ·· — ··	3 pt
읍 · 면 · 동	- - - - - - - - - - - -	2 pt
공원, 관광단지 등의 단위지역	— · — ·· — ·· — · —	2 pt
소공원	· · · · · · · · · · · · · ·	2 pt

(6) 범례 번호(Legend Number): 형태, 색상, 규격

산돌고딕 M, 10 또는 14 point, C: 0 M: 0 Y: 0 K: 100

산돌고딕 M, 10 또는 14 point, C: 80 M: 55 Y: 0 K: 0

(7) 거점(Location Points): 수도, 광역시 · 도청, 시 · 군 · 구청 등 소재지

1. 수도	●		■		16 point
2. 광역시 · 도청	●	○	■	□	16 point
3. 시 · 군 · 구청	●	○	■	□	12 point
4. 읍 · 면 · 동사무소	●	○	■	□	9 point
5. 기타 마을	●	○	■	□	6 point

(8) 현재 위치(You Are Here) 표시: 형태, 색상(※ 흑백 가능), 규격

산돌고딕 B, 24 point, C: 0 M: 100 Y: 100 K: 5

※ 유의: 위치표시 점(●) 12 point

※ 유의: "YOU'RE HERE", "YOU ARE HERE", "You are here"는 문법적으로 맞는 문장이지만 "You Are Here"가
  더 적합하다는 국제기준에 따라서 표기해야 한다.

● 지도와 현재 위치(You Are Here) 표기 표지판 사례: Chicago Millennium Park

(9) 그래픽 심벌(Graphic Symbols) 및 관련 용어: 국제, 국가, 지자체 표준

그래픽 심벌인 공공안내 그림표지는 지도제작 그래픽 디자이너가 적용하는 정식 정보 형태 네 가지(Typographics, Computer Graphics, Pictographics, Cartographics) 중 픽토그래픽에 해당하는데 [그림 3.5]에서 알 수 있듯이 세계적으로 크게 두 가지, 즉 1) 한·미주 스타일과 2) 일·유럽 스타일로 분류할 수 있다.

그리고 우리의 국가표준은 일본을 제외한 APEC지역 국가들을 중심으로 적용되고 있는 한·미주 스타일에 해당한다. 그리고 [그림 3.6]에서 알 수 있듯이 개발방법은 세 가지로 1) 개발 콘셉트가 같을 경우에는 기존 것을 수용하고, 2) 일부개작이 필요한 경우에는 기존 것 일부를 개작하며, 3) 기존사례가 없는 경우에는 신규 개발하는 방법이다.

그림 3.5
공공안내 그림표지
스타일 분류

출처: Arthur, Paul and Romedi Passini. Wayfinding: People, Signs and Architecture. 1992. pp. 144~146.

그림 3.6
공공안내 그림표지
개발방법

출처: 허갑중. *The Standard Pictograms Development in Korea and Cooperation for The Global Standardization.* 2001. pp. 73~75.

① 국제 · 국가표준(KS A 0901) 그래픽 심벌 스타일, 컬러, 규격: 37개 항목

공공 안내 그림 표지						
국문	안내소	관광안내소	화장실	남자 화장실	여자 화장실	전화
영문	Information	Tourist Information	(Unisex) Toilets	(Men) Toilets	(Women) Toilets	Telephone
일문	案内所	情報コーナー	お手洗	男子	女子	電話
중문간체	问讯	旅遊问讯	厕所	男性	男性	电话
중문번체	問議	旅遊問議	厠所	男性	男性	電話
공공 안내 그림 표지						
국문	우체국	(동양) 식당	(서양) 식당	숙박시설/호텔	찻집	주차장
영문	Post	(Oriental) Restaurant	(Western) Restaurant	Accommoda- tions/Hotels	Coffee Shop	Parking
일문	郵便	食堂	レストラン	ホテル/宿泊施設	喫茶/軽食	駐車場
중문간체	邮政	餐厅	西餐厅	旅馆	咖啡	停车场
중문번체	郵政	餐廳	西餐廳	旅館	咖啡	停車場

 해수욕장 Beach 海水浴場 海滩 海灘

※ 규격 : 그림표지 박스 크기를 지도 26 point(9 mm), 표지판 35 point(12 mm), 글자크기는 지도 14 point, 표지판 29 point

① 국제 · 국가표준(KS A 0901) 그래픽 심벌 스타일, 컬러, 규격: 37개 항목(계속)

공공 안내 그림 표지						
국문	버스	열차(KTX)	지하철	택시	배 · 페리 부두/ 터미널	주유소
영문	Bus	Train(KTX)	Metro	Taxi	Ship · Ferry Port/Terminal	Gas Station
일문	バス/バスのりば	鉄道/鉄道駅	地下鉄	タクシー/タクシ ーのりば	船·フェリー港/タ ーミナル	ガソリンスタン ド
중문 간체	公共汽车	快速有轨电车	地下铁道	出租汽车	船·渡轮 港口/码头	加油站
중문 번체	公共汽車	快速有轉電車	地下鐵道	出租汽車	船 · 渡輪 碼頭/終端	加油站
공공 안내 그림 표지						
국문	랜터카	자전거타기	공항	케이블카	공원	박물관/미술관
영문	Car Rental	Bicycling	Airport	Cable Car	Park	(Western) Museum/ Gallery
일문	レンタカー	自轉車	航空機/空港	ロープウェイ	公園	博物館 美術館
중문 간체	汽车出租	非机动车	飞机场	空中缆车	公园	博物馆
중문 번체	汽車出租	非機動車	飛機場	空中纜車	公園	博物館

유의 1 : 관광 · 방문안내지도에 적용할 국가표준(KS) 공공안내 그림표지 수량은 관광 · 방문객 수요의 환경변화에 따라서 증량할 수 있다.

유의 2 : 공공안내 그림표지에 대한 표준용어(Standard Terminology)는 해당용어 국가의 표준기관(예: 일본 JSA, 중국 CSA 등)에서 제시한 표준용어를 확인하고 사용하도록 해야 한다.

① 국제 · 국가표준(KS A 0901) 그래픽 심벌 스타일, 컬러, 규격: 37개 항목(계속)

공공 안내 그림 표지						
국문	공연 극장	역사 유적	수영장	전망지점	야영장	골프장
영문	Performing Arts Center	(Oriental) Historic Site	Swimming	View Point	Camping Site	Golf
일문	公演劇場	歴史遺跡	海水浴場	展望地/景勝地	キャンプ場	ゴルフ
중문 간체	公演剧场	历史性	游泳区	展望地	宿营地	高尔夫球
중문 번체	公演劇場	歷史性	游泳區	展望地	宿營地	高尔夫球
공공 안내 그림 표지						
국문	온천/목욕탕	응급처치/병원	요트마리나	카누마리나	산(산맥)	산책
영문	Hot Spring / Bath Room	First Aid/ Hospital	Yacht Marina	Canoe Marina	Mt.(Mts.)	Walking
일문	溫泉/沐浴湯	応急処置/病院	ヨットマリーナ	カヌーマリーナ	山(山脈)	散歩
중문 간체	溫泉/浴室	急救/医院	游艇码头	皮划艇码头	山(山脉)	走
중문 번체	溫泉/浴場	急救/醫院	遊艇碼頭	皮划艇碼頭	山(山脈)	走

출처 : 허갑중이 개발한 [KS A 0901] 100항목에서 선별 · 재정리한 자료다.

② 국제 · 국가표준(KS A 0901) 외의 필요한 표준 개발 · 적용 유의점 및 사례

앞서 제시한 KS 100개 규격에 포함되어 있지 않지만 필요할 경우에는 국제표준화 기구(ISO)가 규정한 개발방법과 절차(INTERNATIONAL STANDARD ISO 9186: Graphical symbols − Test methods for judged comprehensibility and for comprehension. Procedures for the development of graphical symbols 포함)에 따라서 개발하여 사용할 수 있다.

그리고 공공안내 그림표지를 개발할 때는 1) 가시성(Visibility), 2) 내구성(Permanence), 3) 일관성(Coherence) 그리고 4) 단순성(Simple), 5) 국제성(International), 6) 함축성(Signification): 의미성, 연관성, 실용성에 유의해야 한다.

※ 출처

- *World Tourism Organization. TOURISM SIGNS & SYMBOLS.* 2001. p. 3.
- 허갑중. *The Standard Pictograms Development in Korea and Cooperation for The Global Standardization.* 산업자원부 기술표준원. 2001.10.10. pp. 71~73.

※ 유의

공공안내 그림표지를 개발하여 가로 · 세로 규격을 10 mm로 축소했을 때, 원형이 변형된다면 불합격품이기 때문에 개발시안을 다시 보완하고, 사용해야 한다.

- 사례 : 지역관광명물 돌산대교, 국가산업단지, 교량, 하천, 응급구조 등

| 돌산대교 | 국가산업단지 | 교량 | 하천 | 응급구조 |

출처: 허갑중. 2012여수세계박람회 성공개최 여수시 관광안내정보 선진화 기본계획수립: 통합적 · 국제표준화. 여수시. 2010.

③ 컬러 변경 불가: 안전관련 항목 및 국가표준 관광안내소 사례

아래 [그림 3.7]에서 알 수 있듯이 비상구, 응급, 위험, 구조, 금지 등처럼 사람의 생명이나 안전에 밀접한 그림표지는 국제적인 통용문제로 변경해서는 안 된다. 그러나 관광안내소, 온천 등의 경우에도 국가표준인 관계로 원칙적으로 변경해서는 안 되는 것이지만 "4.12 컬러화하기 표준 지도요소 부문"에서 제시한 사례와 같이 환경과의 부조화 문제로 불가피할 경우에는 변경해서 표기할 수 있다. 왜냐하면, 종이, 표지판 게시, 웹지도에는 범례를 표기해야 하는 관계로 이해하고 이용하는 데 큰 혼란은 일어나지 않을 것이기 때문이다.

그림 3.7
국가표준 공공안내
그림표지 100개 항목

Korean Standards
Public Information Symbols: 100 Items

출처: 개발책임 허갑중. 2003년 ISO TC/145 오스트리아 비엔나 회의 배포자료 표지(Cover). *KOREAN STANDARDS: Public Information Symbols–100 Items.*

④ 컬러 변경 가능: 화장실 사례

● 기본형 기반 색상 변경

바탕 White · 형상 Black 또는 바탕 Black · 형상 White로 된 모든 기본형은 정체성을
반영하여 화장실 사례처럼 적절하고, 다양하게 컬러 변경(Colors 變更)을 할 수 있다.

기본형: White · Black 또는 Black · White   White · Red/Blue

Green · White, Blue · White   Red · White, Yellow · Black

(10) 화살표(Arrows): 국제 및 국가표준

국제표준화기구(ISO)가 제정한 국제표준 겸 정부가 제정한 국가산업표준(KS A 0901)
의 표준규격을 사용해야 한다.

참고: Calori, Chris. *Signage and Wayfinding Design: A Complete Guide to Creating Environmental Graphic Design
Systems*. 2007. p. 119, p. 134.

(11) 선 및 지점 표시 고광도 색상(Highlights Colors for Lines and Locators)

표준 색상	잉크 배합 표준(CMYK)	Pantone 컬러 코드 사례
	인쇄 C: 40 M: 100 Y: 0 K: 0	Pantone Orange 021
	인쇄 C: 0 M: 0 Y: 100 K: 0	Pantone Process Yellow
	인쇄 C: 56 M: 0 Y: 100 K: 0	Pantone 376
	인쇄 C: 100 M: 0 Y: 100 K: 0	Pantone 354
	인쇄 C: 100 M: 100 Y: 0 K: 0	Pantone Violet
	인쇄 C: 100 M: 0 Y: 0 K: 0	Pantone Process Blue
	인쇄 C: 15 M: 40 Y: 0 K: 0	Pantone 251
	인쇄 C: 0 M: 100 Y: 0 K: 0	Pantone Process Magenta
	인쇄 C: 0 M: 100 Y: 100 K: 0	Pantone Red 032

(12) 축척(Scales)

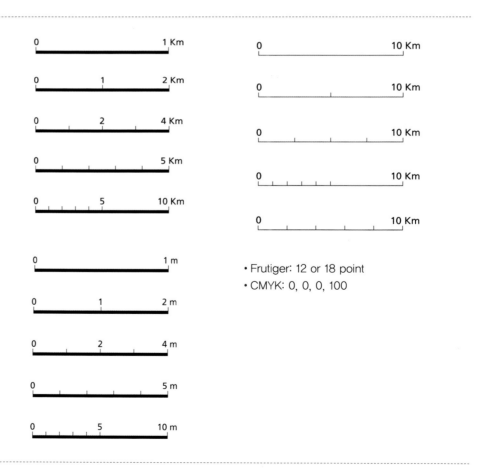

- Frutiger: 12 or 18 point
- CMYK: 0, 0, 0, 100

(13) 북쪽 방위(North Arrow)

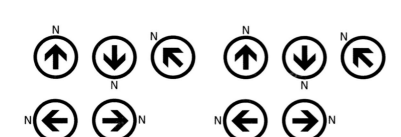

- Frutiger: 12 or 18 point
- CMYK: 0, 0, 0, 100

2. 표기법(Notation)

표준용어 선택 및 표기

① 용어는 국가별 표준용어를 선택하여 표기하도록 해야 한다.

② 문법적으로 올바른 번역 또는 용어표기와 국어의 로마자 표기법에 따른 용어표 기라고 할지라도 제시한 영문표기 비교사례와 같이 지도공간의 한계성과 영문표 기관례를 고려하여 적합한 표기를 하도록 유의해야 한다. 왜냐하면, 단순한 영어 실력(예: 고득점 토익, 토플 성적)만으로는 올바른 표기를 할 수 없고, 해당분야 용어표기에 대한 연구가 있어야 해결 가능한 문제이기 때문이다.

여수시 감수의뢰 안 ➡	한국관광공사 감수 안 ➡	최종결정 안
영취산	Yeongchwisan Mountain	Yeongchwisan(Mt) 또는Mt Yeongchwisan
향일암 Hyangiram(Hermitage)	Hyangiram Temple	Hyangiram
만성리검은모래해변 Mangseongni Beach	Black Sand Beach of Mangseong-ri	Mangseongni Black Sand Beach
여객선터미널 Coastal Passenger Terminal	Passenger Terminal	Passenger Ship Terminal
어항단지 Fishing Port	Fishing Port	Fishing Port Zone

국어의 로마자

① 국어의 로마자 표기 기본원칙 제1항은 "국어의 표준 발음법에 따라 적는 것을 원

칙으로 한다."이고, 제2항은 "로마자 이외의 부호는 되도록 사용하지 않는다."
이다.

② 세부적인 사항은 국립국어원(http://www.korean.go.kr) 로마자 표기법의 "용례
찾기 및 규정보기"를 참조해야 한다.

③ 다만, 관광발전 · 진흥을 촉진하고, 외국인 관광객의 이해를 돕는 차원에서 국어
의 로마자 표기법은 다음과 같이 절충하여 1) 약어가 없는 경우에는 단어 원문을
표기하고, 2) 영문 약어가 있는 경우에는 약어를 붙여서 표기해도 무방하다.

※ 참고 : 영문표기 지자체 감수의뢰 안과 감수기관 감수 안 및 최종결정 안 사례비교

표기대상	원칙에 따른 표기 사례	절충한 표기 사례
경복궁	Gyeongbokgung	Gyeongbokgung Palace 또는 (Palace)
보문사	Bomunsa	Bomunsa Temple 또는 (Temple)
한강	Hangang	Hangang River 또는 (Riv)
강화대교	Gangwhadaegyo	Gangwhadaegyo Bridge 또는 (Br)
금강산	Geumgangsan	Mt Geumgangsan 또는 Geumgangsan (Mt)

구두부호(Punctuations)

영문표기의 경우, *The Chicago Manual of Style. 16th Edition* (The University of Chicago
Press, 2010), 국 · 영문 표기 스타일 매뉴얼(허갑중, 1994) 등을 참고하여 정확하게 국제
기준에 적합한 표기를 하도록 해야 한다.

※ 생략부호(Period)는 표기하지 않는 것이 국제적 관례이기 때문에 생략한다.

구두부호			틀린 표기사례(X)	올바른 표기사례(O)
사례	형태	의미		
생략 부호	·	영문 생략	I.C 또는 I.C. C.C 또는 C · C	IC CC
쌍점	: :	제목의 내용을 부연 (Title : Contents) – 장소(Place) – 시간(Time) – 날짜(Date) 등	장소 : 종합운동장	장소 : 종합운동장
			Time : 9 : 30PM	Time : 9 : 30 PM 또는 p.m.
			Tel : 02-345-6789	Phone : 02-345-6789

중간점	·	와, 과, 및, 그리고 (And)	과천.안양 Gwacheon.Anyang	과천 · 안양 Gwacheon · Anyang
괄호	( )	해설, 강조 용어	Hangangdaegyo(Br)	Hangangdaegyo (Br)
슬러시	/	대안, 연도 또는 일자 와 더불어, 약어 등	Place/TIC Place:Time	Place: TIC Place/Time

약어(Abbreviations): 영문/지도와 표지판의 경우에 한정

오기(誤記) → 정기(正記)	오기(誤記) → 정기(正記)
Apt. → Apt 또는 Apts R.O.K → ROK H → P → MP 또는 SP	Br. → Br I.C, I.C → IC ※ 영어 약어사전의 정식표기는 I/C이지만 우리나라의 표기관례에 따라서 IC로 표기하기로 한다.
단어 → 약어	단어 → 약어
Street → St Expressway → Expwy University → Uni Mountains → Mts(산맥)	Road → Rd Station → Stn Mountains → Mt(산) Information → Info

참고: De Sola, Ralph, Dean Stahl, and Karen Kerchelich. *Abbreviations Dictionary*. 9th Edition. 1995.

※ 유의: 영문약어는 약어사전에 여러 가지가 사례가 있을 수 있다. 예를 들면 "station"의 약어는 세 가지 "s.; sta.; stn."가 있으나 "sta."는 'sto.'로 시각적 인지의 오류를 야기할 수 있기 때문에 국제적으로 "stn."으로 표기하고 있으며, 표지판(Signs)에서의 국제적인 표기관례와 규정에 따라서 "Stn"으로 표기하고 있다. 그러므로 영문약어를 표기하고자 할 경우에는 약어사전과 국제적인 표기 관례를 주의 깊게 검토 · 선택하여 표기해야 한다.

메카닉스(Mechanics): 단위(Units), 숫자(Numbers)

오기(誤記) → 정기(正記)	오기(誤記) → 정기(正記)
57KM → 57 km	4.5L 또는 4.5ℓ → 4.5 L
540kg → 540 kg	3:45AM → 3:45 AM 또는 a.m.
BC457 → 457 BC	12AD → AD 12
$ 15 → $15	₩ 5,000 → ₩5,000
35–50% → 35%–50%	2cm×5cm → 2×5 cm
May 25 1995 → May 25, 1995	02)584-2000 → 02) 584-2000
또는	또는
25 May 1995	02-584-2000

출처 및 참고: The University of Chicago Press. *The Chicago Manual of Style*. 15th Edition. 2003. pp. 239~278, pp. 379~397.

※ 유의: 국제표준 표기와 국내표준 표기가 다를 경우에는 국제표준 표기를 국내표준 표기보다 우선해서 표기하도록 해야 한다.

예를 들면, 국문 표준 표기법에서는 숫자와 단위를 붙여서 57km로 표기하도록 되어 있으나 국제 표준 영문 표기법에서는 숫자와 단위를 띄어서 57 km로 표기하도록 되어 있기 때문이다. 그러나 화폐 표준 표기법의 경우에는 $578처럼 단위와 숫자를 붙여서 표기하도록 되어 있다.

04

지도창작 및 스타터 맵 프로그램: 별도제공 자료

1. Starter Maps: 평면지도 기본

여러 지도제작 소프트웨어 가운데서 "Starter Maps"는 이 가이드라인 제3장에서 제시하고 있는 표준 지도요소(Standard Map Elements)를 적용하여 관광 · 방문 안내지도의 디자인과 창작을 실행해 낼 수 있도록 한 프로그램(Toolkit)이다.

따라서 "Starter Maps"는 Ai CS4 포맷 속의 계획된 레이어(Organized Layer) 위에 표준 평면 관광 · 방문안내지도를 디자인하고, 창작하는 데 필요한 모든 표준 지도요소 즉, 문안배치(Labels), 그림표지(Symbols), 축척(Scales), 선 스타일(Line Styles), 지역 컬러(Area Colors) 등을 지원하여 지도를 제작할 수 있도록 하고 있다.

※ 유의: "Starter Maps"는 Adobe Illustrator CS4 및 지도제작(Mapmaking)에 익숙한 전문가만이 할 수 있기 때문에 초보자는 할 수 없다.

2. Starter Maps 프로그램 실행 관광 · 방문안내지도 창작

평면~입체지도, 단순~복잡지역에 대한 지도제작은 아래와 같이 표준 지도요소를 Option-dragging(Mac) 또는 Alt-dragging(PC)으로 실행해야 한다.

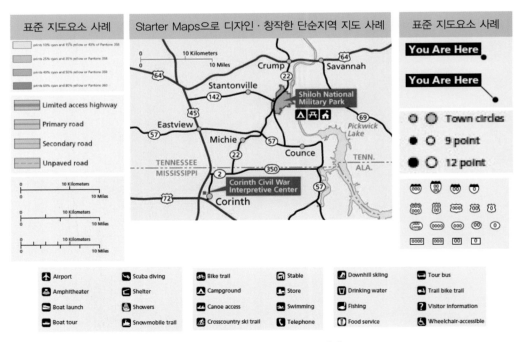

미국 National Park Service 사례

※ 위에 제시한 사례는 Starter Maps 실행을 이해하기 쉽도록 정리 · 제시한 것이다(참조: 별도제공 부속 자료 〈Starter Maps〉 Ai CS4 Format File).

3. Starter Maps 프로그램 실행 관광·방문안내지도 창작 선진 해외사례

기반지도(Base Map)를 바탕으로 디자인 및 창작한 혼합(시카고) 및 입체(휘슬러) 관광·방문안내지도

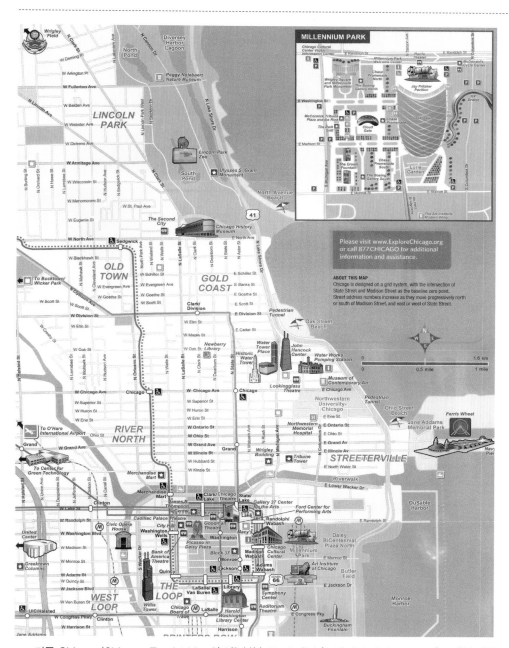

미국 Chicago(Chicago Tourist Map의 1/2 부분-North Side), A6 Grid 6 Column 세로 타입 광폭

참고: Chicago Millennium Park 종이지도 제작×배포 규격 255 mm×177 mm

휘슬러 관광 · 방문안내지도 100% 사이즈의 1/9 부분
(지도 상단의 중앙 부분, ※ 참조: 보고서 제4장 사례)
케나다 BC(BC Tourist Map-Whistler), B6 Grid 12 Column 가로 타입 광폭

4. Starter Maps 프로그램 종류 : 〈Ai CS4 Format File〉
(전문가 용도의 별도제공 부속 자료)

① 출판물 A-광폭 브로슈어 관광 · 방문안내지도: A6 그리드, 6칼럼 세로 타입

② 출판물 B-광폭 브로슈어 관광 · 방문안내지도: B6 그리드, 12칼럼 가로 타입

③ 출판물-지역 관광 · 방문안내지도

④ 노변전시 표지판 게시 및 벽면부착 관광 · 방문안내지도: 현재위치(You Are Here) 표
시 경우 포함

5. 지도제작 소프트웨어(Mapmaking Software): 2014년 말 기준

① Adobe Illustrator

② Inkscope

③ CorelDRAW Graphic Suite

④ ESRI ArcGIS

⑤ Quantum GIS(QGIS)

⑥ MapInfo Professional

⑦ Avenza Software Inc's MAPublisher

⑧ Geomatica

⑨ DXF to Illustrator

※ 출처

영국 지도제작자학회(SOC: Society of Cartographers) http://www.soc.org.uk/

05

선진 해외사례 및
국내사례

1. 해외 및 국내 관광 · 방문안내지도 사례 시사점

관광 · 방문안내지도에 대한 계획 · 디자인 · 출력 업무를 담당하고 있는 지자체 담당
관과 업체 담당자들 모두가 참고할 수 있도록 지역규모(Site)와 형태(Type)를 기준으로
분류하여 다양한 사례를 제시하였다.

① 국내외 우수사례
② 개선이 불가피한 국내사례
③ 관광 · 방문 기념품용도 해외사례
④ 실용 부적합한 국내사례

(1) 해외사례 시사점

해외 선진국들은 기본적으로 국가 국토지리정보원 등이 제공한 원본 기반지도
(Original Base Map)를 바탕으로 용도에 부합하고, 콘텐츠가 정확하며, 지역의 정체성
이 잘 표출되면서 예술적으로 아름답게 하되, "간결하고, 명료하며, 읽기 쉽게(Simple,
Clear, Easy to Read)"라는 지도제작 원칙(Mapmaking Mantra)에 부합하도록 계획 · 디
자인 및 제작하고 있다.

(2) 국내사례 시사점

국내사례를 해외사례와 비교해 보면 단위지역 지도의 경우에는 우수한 사례도 있으나
절대다수의 관광 · 방문안내지도가 기본적으로 갖추어야 할 요건들을 충족하지 못하
고 있다. 타이포그래픽 표준과 지도색상의 컬러화하기 방안에 대한 무지, 축척조작에
의한 부정확성, 정보과다 표기와 이중국어 표기에 의한 정보과밀, 일러스트 수준의 미
흡 등으로 질적 수준이 너무나 낮고, 실용지도와 기념품용 지도를 구별 못하고 사용하
고 있는 실정이다.

2. 해외 및 국내 관광 · 방문안내지도 사례 통계 및 목록

● 국내외 사례 통계

		광역	권역	단위지역	소계
해외	평면	12	3	8	23
	혼합	10	1	3	14
	입체	4	4	12	20
	소계	**26**	**8**	**23**	**57**
국내	평면	6	0	0	6
	혼합	1	0	1	2
	입체	4	0	1	5
	소계	**11**	**0**	**2**	**13**
총계		**37**	**8**	**25**	**70**

● **국내외 사례 목록:** 총계 70(해외 57, 국내 13)

1	미국	미시건 등대	광역/평면	하와이 천문대	단위/평면
		워싱턴 DC	광역/혼합	백악관	단위/입체
		미시건 트래버스	광역/혼합	Millenium Park	단위/입체
		하와이 오하우	광역/입체	시카고 · 하버드대학교 캠퍼스	단위/평면
		시카고	광역/혼합	하와이 P. Cultural Center	단위/입체
		샌프란시스코 49마일	권역/혼합	미시건주립대학교 캠퍼스	단위/평면
		하와이 힐로	권역/입체	Phillips Academy 고교 캠퍼스	단위/입체
		뉴욕 Manhattan (실용/기념품 겸용)	권역/입체	Hotchkiss 고교 캠퍼스	단위/입체
				Arlington National Cemetery	단위/평면
		워싱턴, DC 도심	권역/혼합	뉴욕 Manhattan(기념품)	권역/입체
2	호주	시드니 다링 하버	단위/혼합	시드니(기념품)	광역/입체
3	캐나다	밴쿠버 교통통제	광역/평면	밴쿠버	광역/혼합
		밴쿠버 자전거 코스	광역/평면	밴쿠버(기념품)	광역/입체
		Costal Circle Routes	광역/평면	휘슬러	권역/입체
		밴쿠버 피크닉 장소	광역/평면	밴쿠버 스탠리 공원	단위/평면
		로키산맥 관광 코스	광역/평면	밴쿠버 False Creek Ferry	단위/평면
		밴쿠버 호텔 위치	광역/평면	밴쿠버 Butchart 가든	단위/입체
4	영국	런던	광역/입체	런던 중심부	권역/평면
		런던 버스 루트	광역/혼합		
5	프랑스	파리	광역/혼합	루브르 박물관	단위/입체
		와인 생산지	광역/평면	치즈 생산지	광역/혼합
6	일본	宇和島城	단위/입체	黑川溫泉村	단위/입체
7	이탈리아	로마	광역/혼합		
8	케냐	케냐	광역/평면		
9	뉴질랜드	크라이스트처치	광역/평면	북섬 관광안내소 분포	광역/평면
10	스위스	St. Moritz, Zurich	광역/혼합	알프스 등산 코스	단위/입체
11	태국	방콕 사원	단위/입체		
12	러시아	St. Petersburg 산책	단위/혼합		
13	칠레	Torres del Paine	권역/평 · 입	트레킹 코스	
14	한국	서울, 부산 1/2, 삼척	광역/평 · 입	과천 서울동물원	단위/혼합
		수원	광역/혼합	이화여자대학교,	단위/입체
		순천, 정읍, 여수	광역/입 · 혼		

3. 해외 및 국내 관광 · 방문안내지도 사례

해외사례

(1) 해외 광역사례

Michigan State 등대 광역/평면

Washington, DC 광역/혼합

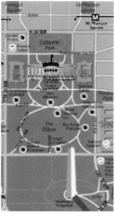

White House
주변지역 확대

참고: Washington, DC 관광 · 방문안내지도의 경우는 일반적인 관광 · 방문안내 종이지도(Paper Map)와는 달리 종이지도와 웹지도(Web Map)가 일치되도록 제작하고, 또 웹지도의 경우에는 축소 · 확대 정도에 따라서 입체정보의 표출정도를 자유롭게 조절할 수 있도록 특수하게 계획 · 디자인 · 제작한 선진사례다(※ www.washington.org 참조).

(1) 해외 광역사례(계속)

◀
미국
미시건
Traverse

광역/혼합

※지역 특산품인 Cherry의 Color를 National Cherry Festival Map에 반영한 사례

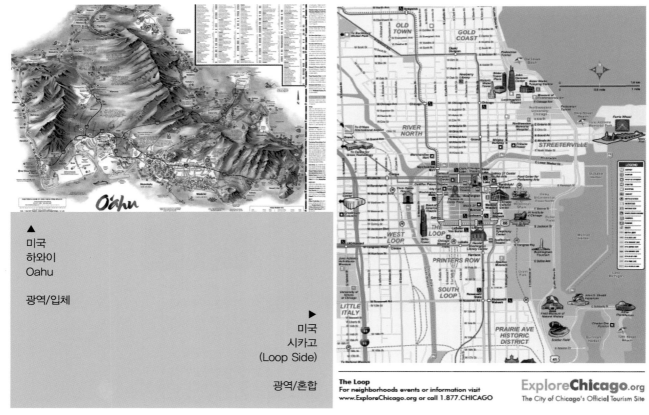

▲
미국
하와이
Oahu

광역/입체

▶
미국
시카고
(Loop Side)

광역/혼합

The Loop
For neighborhoods events or information visit
www.ExploreChicago.org or call 1.877.CHICAGO

ExploreChicago.org
The City of Chicago's Official Tourism Site

(1) 해외 광역사례(계속)

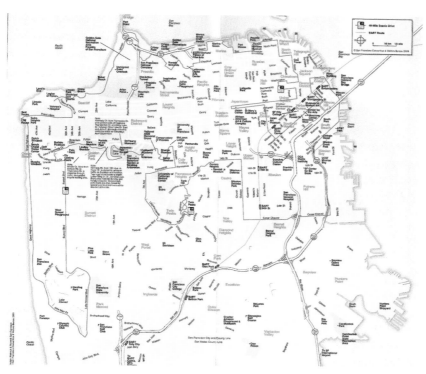

미국 샌프란시스코 〈49마일 드라이브코스〉 광역/혼합

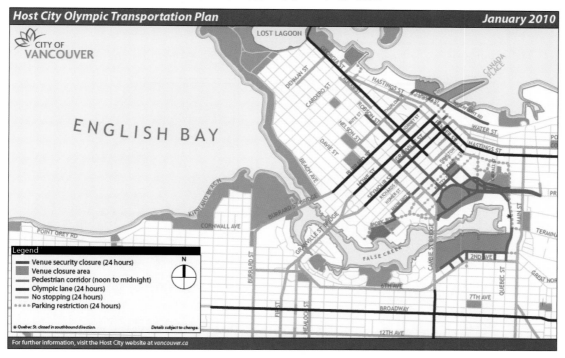

캐나다 밴쿠버 교통계획(통제) 안내 광역/평면

(1) 해외 광역사례(계속)

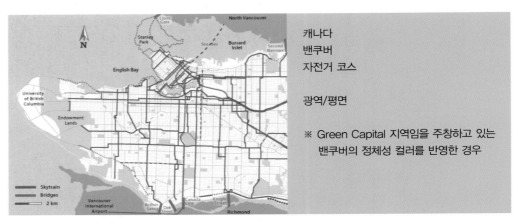

캐나다
밴쿠버
자전거 코스

광역/평면

※ Green Capital 지역임을 주창하고 있는
   밴쿠버의 정체성 컬러를 반영한 경우

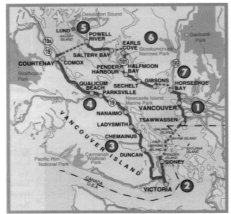

캐나다 밴쿠버 Costal Circle Routes 광역/평면   캐나다 밴쿠버 피크닉 장소 광역/평면

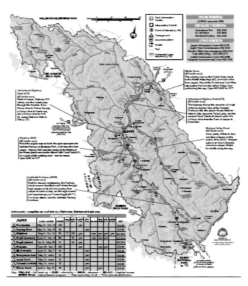

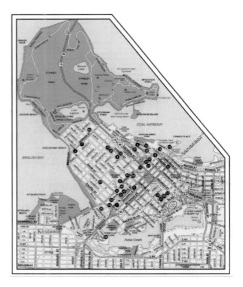

캐나다 로키산맥 관광 코스 광역/평면   캐나다 밴쿠버 호텔 광역/평면

(1) 해외 광역사례(계속)

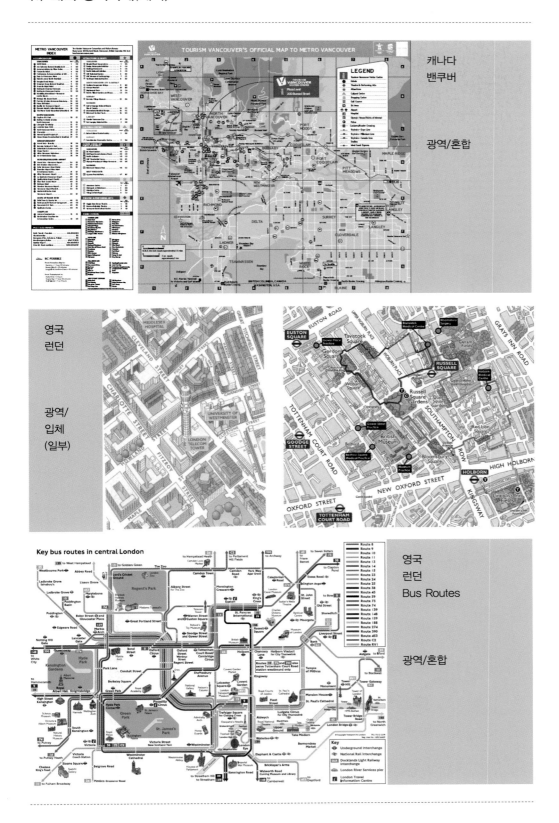

캐나다
밴쿠버

광역/혼합

영국
런던

광역/
입체
(일부)

영국
런던
Bus Routes

광역/혼합

(1) 해외 단위/광역사례(계속)

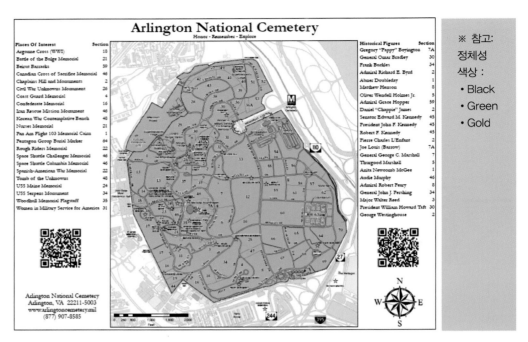

※ 특수사례 : Washington, DC Arlington National Cemetery 단위/평면

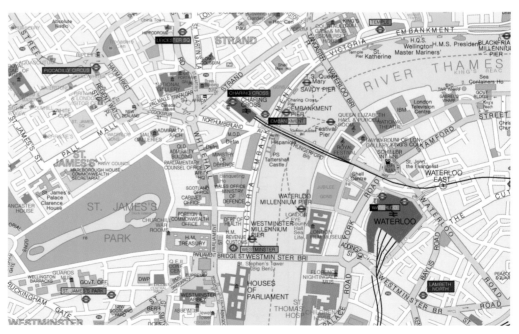

영국 런던 중심부 권역/평면(상부 : 전면지도, 하부 : 부분 확대지도)

※ 런던 : 2012년 하계올림픽 개최지로 영국 런던의 경우에도 다른 선진국들처럼 대규모 국제 행사인 올림픽 개최 2년 전에 관광안내정보 계획·제작·개시 및 설치를 완료하여 마케팅에 활용

(1) 해외 광역사례(계속)

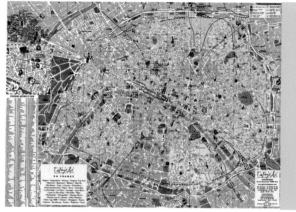

프랑스
파리

광역/혼합

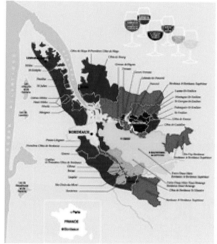

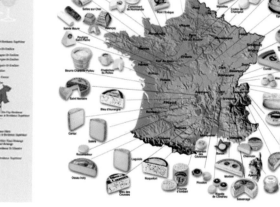

프랑스 와인생산지 광역/평면   프랑스 치즈생산지 광역/평면(사진첨부)

이탈리아
로마

광역/혼합

(1) 해외 광역사례(계속)

아프리카 케냐 광역/평면

뉴질랜드 북섬 관광안내소 광역/평면

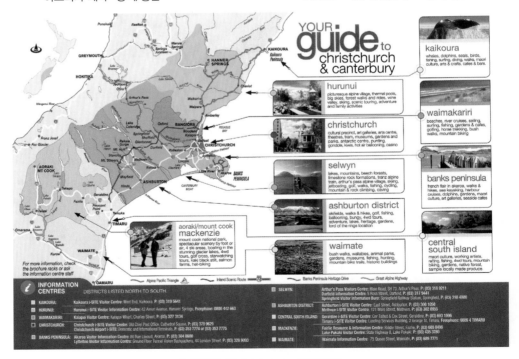

뉴질랜드 Christchurch 광역/평면

(1) 해외 광역사례(계속)

스위스 St. Moritz 광역/혼합

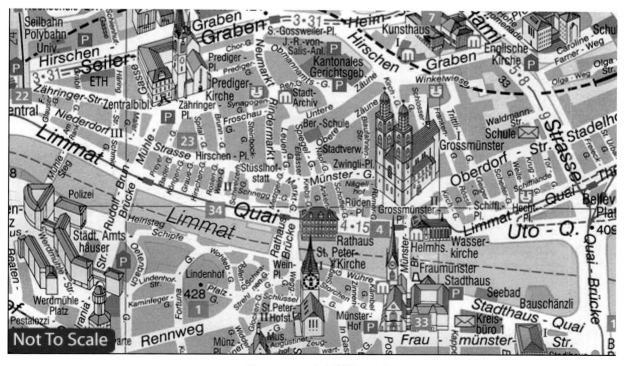

스위스 Zurich 광역/혼합(중심부)

(2) 해외 권역사례

미국 Hawaii Hilo 권역/혼합

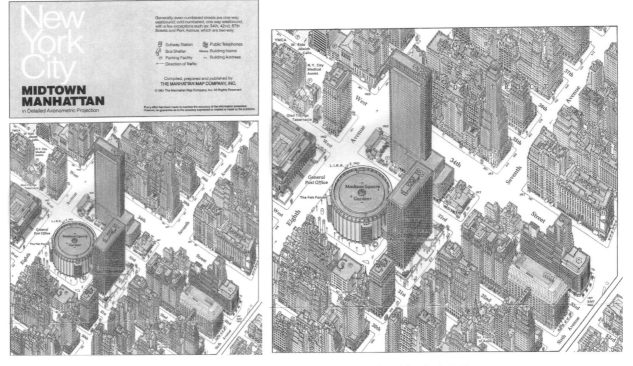

미국 New York Manhattan 권역/입체, 관광·방문 실용 겸 기념품용도

(2) 해외 권역사례(계속)

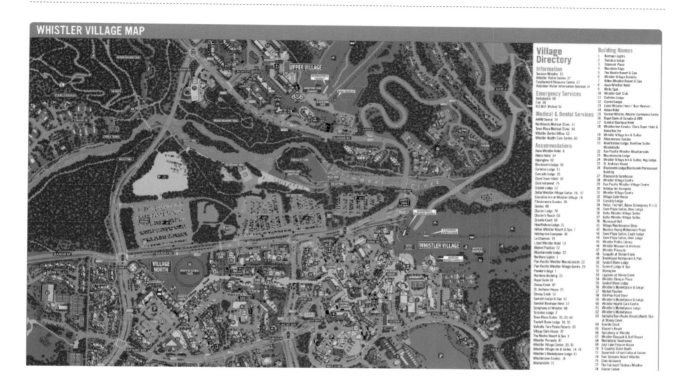

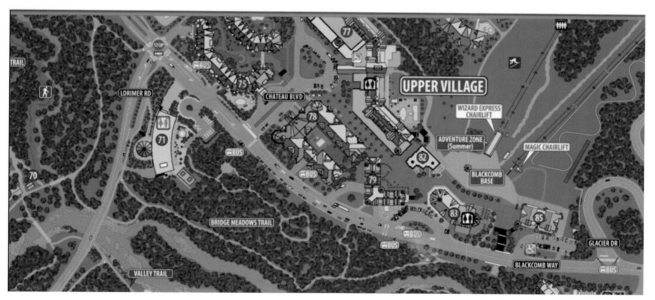

캐나다 휘슬러 권역/입체: 전체 및 상단 중앙 부분 확대

(2) 해외 권역사례(계속)

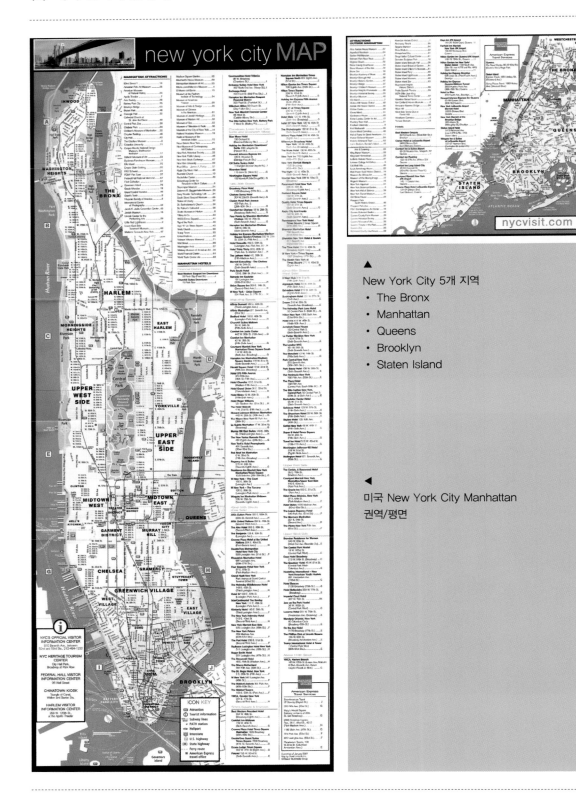

▲

New York City 5개 지역

- The Bronx
- Manhattan
- Queens
- Brooklyn
- Staten Island

◀

미국 New York City Manhattan
권역/평면

(3) 해외 단위지역 사례

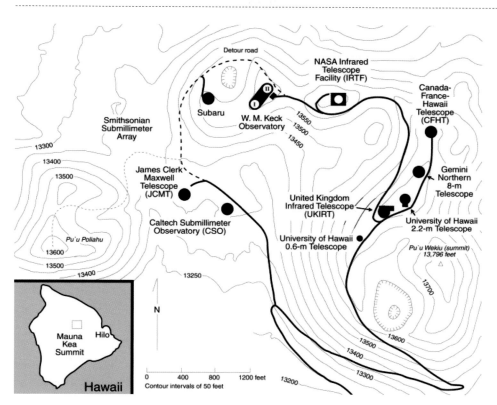

미국 하와이 Mauna Kea Summit 천문대   단위지역/평면

미국 The White House   단위지역/입체

(3) 해외 단위지역 사례(계속)

미국 시카고
Millenium Park

단위지역/입체

미국
하버드
대학교

단위
지역/
평면

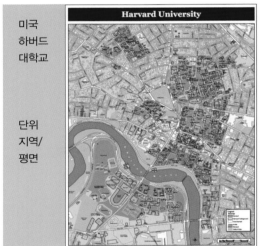

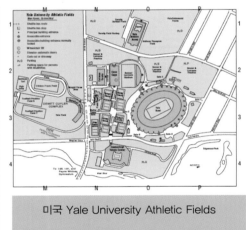

미국 Yale University Athletic Fields

단위지역/평면: 휠체어 이용 장애인 출입구

미국 Hawaii Polynesian Cultural Center   단위지역/입체

(3) 해외 단위지역 사례(계속)

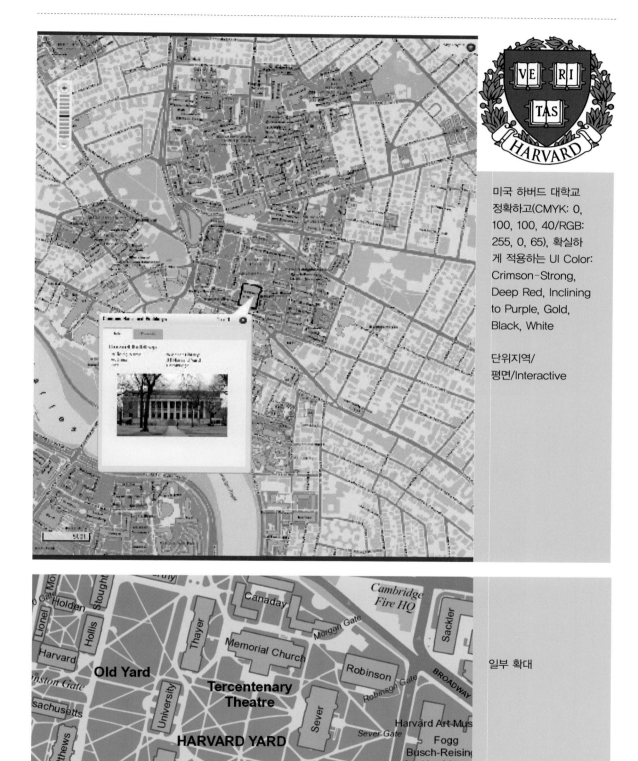

미국 하버드 대학교 정확하고(CMYK: 0, 100, 100, 40/RGB: 255, 0, 65), 확실하게 적용하는 UI Color: Crimson-Strong, Deep Red, Inclining to Purple, Gold, Black, White

단위지역/
평면/Interactive

일부 확대

(3) 해외 단위지역 사례(계속)

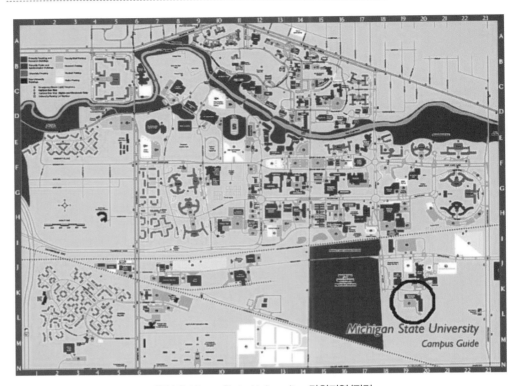

미국 Michigan State University 단위지역/평면

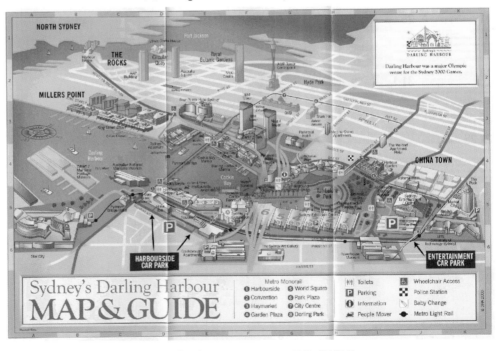

호주 시드니 Daring Harbour 단위지역/혼합

(3) 해외 단위지역 사례(계속)

미국 Phillips Academy Andover(고교) 단위지역/입체

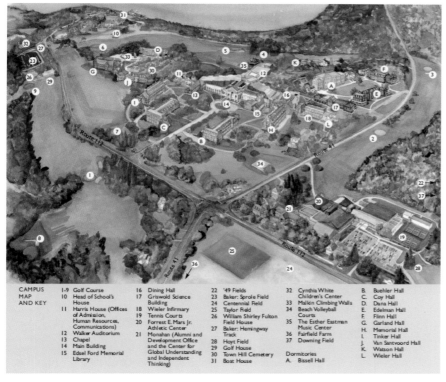

CAMPUS MAP AND KEY						
1-9	Golf Course	16	Dining Hall	22	'49 Fields	32 Cynthia White Children's Center
10	Head of School's House	17	Griswold Science Building	23	Baker: Sprole Field	33 Malkin Climbing Walls
11	Harris House (Offices of Admission, Human Resources, Communications)	18	Wieler Infirmary	24	Centennial Field	34 Beach Volleyball Courts
		19	Tennis Courts	25	Taylor Field	35 The Esther Eastman Music Center
12	Walker Auditorium	20	Forrest E. Mars Jr. Athletic Center	26	William Shirley Fulton Field House	36 Fairfield Farm
13	Chapel	21	Monahan (Alumni and Development Office and the Center for Global Understanding and Independent Thinking)	27	Baker: Hemingway Track	37 Downing Field
14	Main Building			28	Hoyt Field	
15	Edsel Ford Memorial Library			29	Golf House	Dormitories
				30	Town Hill Cemetery	A. Bissell Hall
				31	Boat House	

B.	Buehler Hall	H.	Memorial Hall
C.	Coy Hall	I.	Tinker Hall
D.	Dana Hall	J.	Van Santvoord Hall
E.	Edelman Hall	K.	Watson Hall
F.	Flinn Hall	L.	Wieler Hall
G.	Garland Hall		

미국 Hotchkiss School(고교) 단위지역/입체

(3) 해외 단위지역 사례(계속)

프랑스 파리
The Louvre(박물관)

단위지역/입체

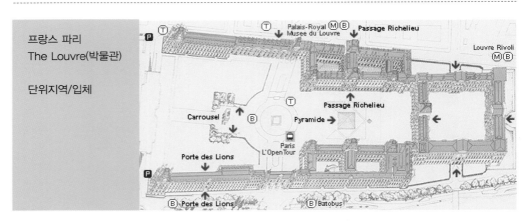

일본
우와지마 城

단위지역/입체

일본 규슈
黑川溫泉 村

단위지역/입체

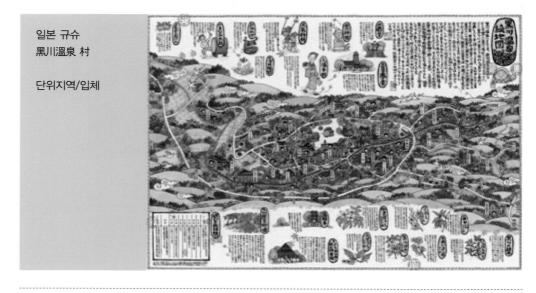

(3) 해외 단위지역 사례(계속)

캐나다 밴쿠버
스탠리 공원

광역/평면

캐나다 밴쿠버 False Creek Ferry Landings   단위지역/평면

캐나다 밴쿠버
Butchart Gardens

단위지역/입체

(3) 해외 단위지역 사례(계속)

스위스 알프스 등산 코스　단위지역/입체(지도 전 · 후면)

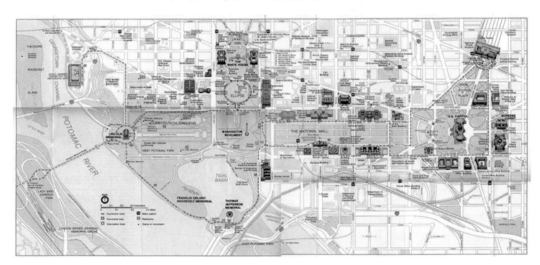

미국 Washington, DC Downtown　권역/혼합

태국 방콕
사원

단위지역/입체

(3) 해외 단위지역 사례(계속)

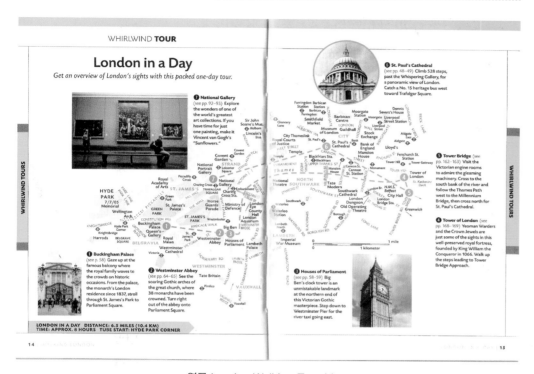

영국 London Walking Tour Map

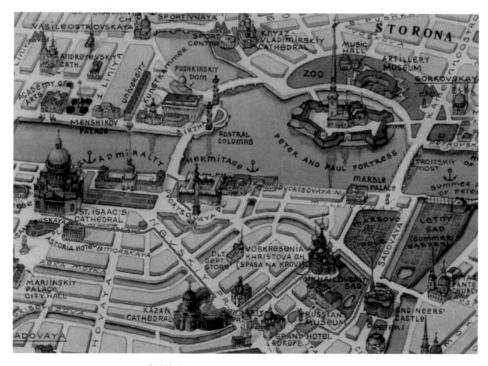

러시아 St. Petersburg Walking Tour Map

(3) 해외 단위지역 사례(계속)

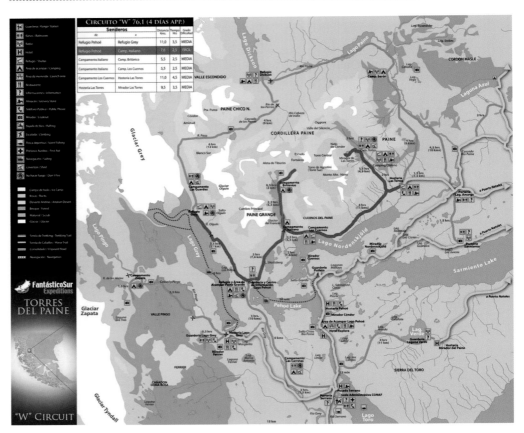

칠레 Torres del Paine National Park, 평면 트레킹 지도 1

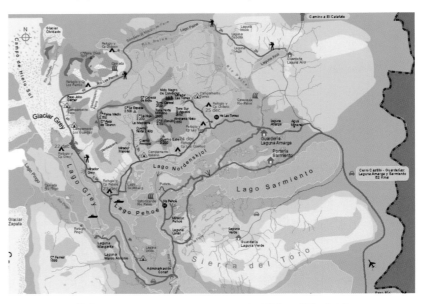

칠레 Torres del Paine National Park, 평면 트레킹 지도 2

(4) 해외 관광 · 방문 기념품용 사례

호주 시드니 광역/입체

미국 뉴욕 맨해튼 권역/입체

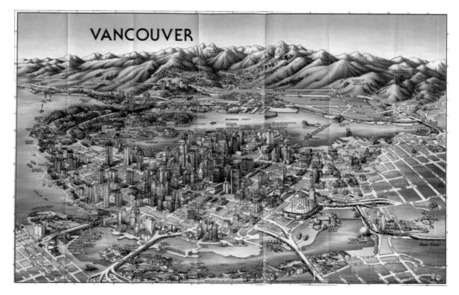

캐나다 밴쿠버 광역/입체

국내사례

(1) 국내 광역사례

서울 도심(출처: iTour Seoul) 광역/평면(개선 불가피 사례)

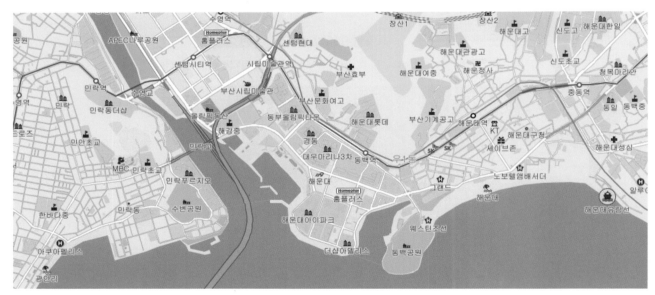

부산 1: 해운대 권역(일부) 광역/평면(개선 불가피 사례)

(1) 국내 광역사례(계속)

부산(일부) 2: 광역/입체(개선 불가피 사례)

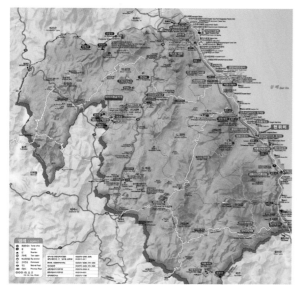

삼척 광역/입체(개선 불가피 사례)

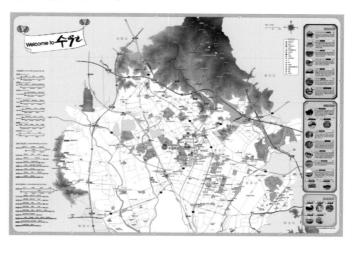

수원 광역/혼합(개선 불가피 사례)

(1) 국내 광역사례(계속)

- 순천

- 광역/입체
  (실용 부적합
  사례)

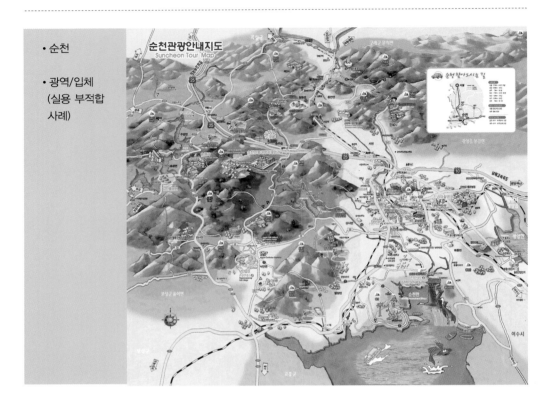

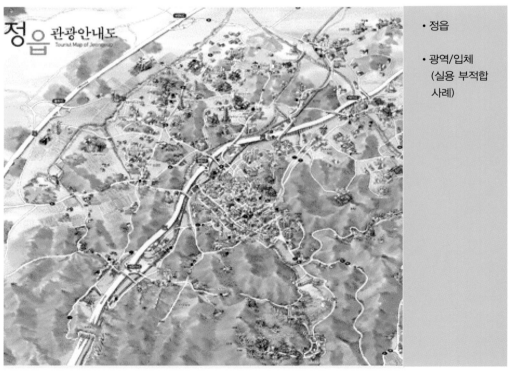

- 정읍

- 광역/입체
  (실용 부적합
  사례)

(2) 국내 광역 및 단위지역 사례

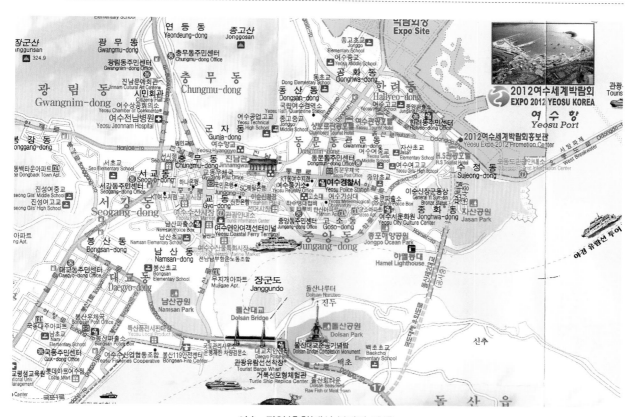

여수 광역/혼합(개선 불가피 사례)

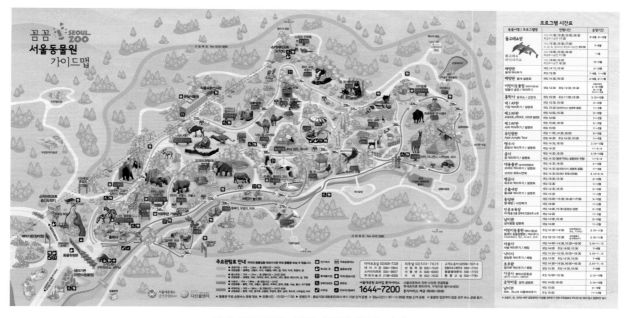

과천 서울동물원 단위지역/혼합(우수 사례)

(2) 국내 광역 및 단위지역 사례(계속)

이화여대 단위지역/입체(국내수준 우수/국제수준 미흡), UI: White/Green+Hidden Color?

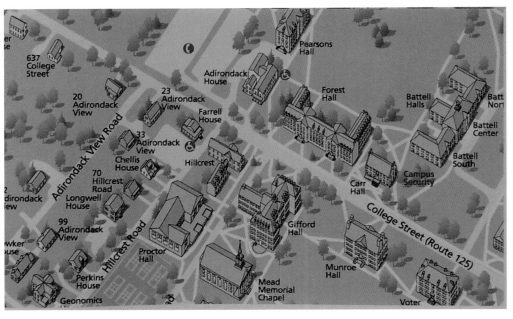

미국 Middlebury College, UI Colors : Blue & White+Hidden Color : Light Gray

부록

A. 참고 문헌 및 자료

1. 주제지도(Thematic Maps) 관련

- 허갑중. 한국 문화관광지도 제작기준에 관한 연구. 한국문화관광연구원. 2004.
- 허갑중. 한국 관광안내지도 도대체 무엇이 문제이고, 어떻게 해야 하는가?: 관광 안내지도 제작을 위한 가이드라인 〈문화체육관광부 · 한국관광공사, 2009〉 중심 으로. 2013년 지리학대회. 2013.06.22.
- Dent, Borden. *Cartography: Thematic Map Design*. 5th Edition. 1999.
- Dent, Borden, Jeff Torguson, and Thomas Hodler. *Cartography: Thematic Map Design*. 6th Edition. 2008.
- Golledge, Reginald G. *Wayfinding Behavior: Cognitive Mapping and Other Spatial Processes*. 1999.
- Kraak, Menno-Jan and Ferjan Ormeling. *Cartography: Visualization of Spatial Data*. 3rd Edition, 2010.
- MacEachren, Alan M. *How Maps Work: Representation, Visualization, and Design*. 2004.
- Peterson, Gretchen N. *GIS Cartography: A Guide to Effective Map Design*. 2009.
- Robinson, Arthur H., Joel L. Morrison, Phillip C. Muehrcke, and A. Jon Kimerling. *Elements of Cartography*. 1995.
- Slocum, Terry A., Robert B. McMaster, Fritz C. Kessler, and Hugh H. Howard. *Thematic Cartography and Geovisualization*, 3rd Edition. 2009.
- Tyner, Judith A. *Principles of Map Design*. 2010. 등

2. 표지판(Signs) 관련

- 허갑중. 한국 관광 · 방문안내표지 도대체 무엇이 문제이고, 어떻게 해야 하는 가?: 한국 관광안내표지 표준디자인 가이드라인 〈문화체육관광부 · 한국관광공 사, 2009〉 중심으로. 2013년 한국공간환경디자인학회 정기학술대회. 2013.09.27.
- Apelt, Ron, John Crawford, and Dennis Hogan. *Wayfinding Design Guidelines*. 2007.

- Arthur, Paul and Romedi Passini. *Wayfinding: People, Signs and Architecture*. 1992.
- Berger, Craig. *Wayfinding: Designing and Implementing Graphic Navigational Systems*. 2009.
- Calori, Chris. *Signage and Wayfinding Design: A Complete Guide to Creating Environmental Graphic Design Systems*. 2007.
- Design Media Publishing Limited. *Wayfinding*. 2012.
- Gibson, David. *The Wayfinding Handbook: Information Design for Public Places*. 2009.
- Gross, Michael. *Signs, Trails, And Wayside Exhibits: Connecting People And Places*. 2006.
- Jacobson, Robert and Richard Saul Wurman. *Information Design*. 2000.
- Lunger, Christian. *Wayfinding for Tourists: Construction and Design Manual*. 2011.
- Mollerup, Per. *Wayshowing: A Guide to Environmental Signage Principles and Practices*. 2005.
- Passini, Romedi. *Wayfinding in Architecture*. 1984.
- Sims, Mitzi. *Sign Design: Graphics·Materials·Techniques*. 1991.
- Uebele, Andreas. *Signage System and Information Graphics*. 2007.
- Zwaga, Harm J., Theo Boersema, and Henriette C. M. Hoonhout. *Visual Information for Everyday Use: Design and Research Perspective*. 1999. 등

3. 색(Colors) 관련

- Birren, Faber. *Color & Human Response*. 1978.
- Birren, Faber. *Creative Color*. 1987.
- Cheskin, Louis. *Colors: What They Can Do for You*. 1947.
- Cheskin, Louis. *Color for Profit*. 1951.
- Cheskin, Louis. *Why People Buy: Motivation Research and its Successful Application*. 1959.
- Itten, Johannes. *The Elements of Color*. 1970.
- Itten, Johannes. *The Art of Color*. 1997.

- International Paper Company. *Pocket Pal: A Graphic Arts Production Handbook*. 20th Edition. 2007.
- Ware, Colin. *Information Visualization: Perception for Design Interactive Technologies*. 2004. 등

4. 언어(Languages), 글꼴(Typefaces), 그래픽 심벌(Graphic Symbols), 편집 디자인(Editorial Design) 관련

- 허갑중. 국·영문 표기 스타일 매뉴얼. 1994.
- 허갑중. *The Standard Pictograms Development in Korea and Cooperation for The Global Standardization*. Agency for Technology and Standards Ministry of Commerce, Industry and Energy, Korean Standards Association. 10 October 2001.
- 허갑중. KS A 0901 : 100항목. 산업자원부 기술표준원. 2002.
- BSI. *Guide to British, European and international graphical symbols, for use on equipment, for safety and fire safety, and for public information, in relation to ISO 7000 and IEC 417*. 1995.
- Brown, Alex. in Print. 1989.
- Carter, Rob, Ben Day, and Philip B. Meggs. *Typographic Design: Form and Communication*. 2006.
- De Sola, Ralph, Dean Stahl, and Karen Kerchelich. *Abbreviations Dictionary*, 9th Edition. 1995.
- Dreyfuss, Henry. *Symbol Sourcebook: An Authoritative Guide to International Graphic Symbols*. 1984.
- Gibaldi, Joseph. *MLA Handbook for Writers of Research Papers*. 7th Edition. 2009.
- Eco-Mo Foundation. *Standard Public Information Symbols: 125 items*. 2001
- Gottschall, Edward M. *Typographic Communications Today*. 1989.
- Institute of Typography Engineering Research. *typecosmic: digital type collection serif & sans serif*. 1994.
- ISO. *International Standard: Graphical Symbols - Safety colours and safety signs - Part*

1: Design principles for safety signs in workplaces and public areas. 2001.

- ISO 9186–*Procedures for the Development and Testing of Graphical Symbols.* 2001.
- ISO 9186–1:2007 *Graphical Symbols–Test Methods–Part 1: Methods for Testing Comprehensibility.*
- ISO 9186–2:2008 *Graphical Symbols–Test Methods–Part 2: Method for Testing Perceptual Quality.*
- ISO 7001:2007 *Graphical Symbols–Public Information Symbols.*
- Klanten, Robert, Sven Ehmann, and Kitty Bolhofer. *Turning Pages: Editorial Design for Print Media.* 2010.
- NPS. *Map Standards.* 2005
- NPS. *Typographic Standards.* September 2006.
- Pao, Imin and Joshua Berger. *30 Essential Typefaces for a Lifetime.* Rockport Publishers. 2006.
- Pierce, Todd and Portland Oregon Visitors Association. *International Pictograms Standard–Standards Manual: Review & Selection Workbook.* 1995.
- Pierce, Todd. *International Pictograms Standard.* 1997.
- WTO(World Tourism Organization). *Tourism Signs & Symbols.* 2001.
- 村越 愛策 監修. *World wide visual symbols "PICTOGRAM".* 2002. 등

5. 매스 커뮤니케이션(Mass Communications), 매스 미디어(Mass Media), 통합적 마케팅(Integrated Marketing), 마케팅 프로모션(Marketing Promotion), 광고(Advertising), 관광(Tourism), 관광 · 방문안내정보(Tourist · Visitor Information) 등 관련

- 허갑중. 新광고학 원론. 1993.
- 허갑중. 국 · 영문 표기 스타일 매뉴얼. 1994.
- Aaker, David A. *Strategic Market Management.* 2009.
- Belch, Georege and Michael Belch. *Advertising and Promotion: An Integrated Marketing Communications Perspective.* 2008.
- Brown, Alex. in Print. 1989.

- Carter, Rob, Ben Day, and Philip B. Meggs. *Typographic Design: Form and Communication.* 2006.

- Cook, Roy A., Cothy H.C. Hsu, and Josep J. Marqua. *Tourism: The Business of Hospitality and Travel.* 3th Edition. 2006.

- Curtin, Patricia A. and T. Kenn Gaither. *International Public Relations: Negotiating Culture, Identity, and Power.* 2007.

- Gottschall, Edward M. *Typographic Communications Today.* 1989.

- Institute of Typography Engineering Research. *typecosmic: digital type collection serif & sans serif.* 1994.

- Jugenheimer, Donald W. *Advertising Media: Strategy and Tactics.* 1992.

- Jugenheimer, Donald W. and Larry D. Kelly. *Advertising Management.* 2009.

- Klanten, Robert, Sven Ehmann, and Kitty Bolhofer. *Turning Pages: Editorial Design for Print Media.* 2010.

- Kotler, Philip A. John T. Bowen, and James C. Makens. *Marketing for Hospitality and Tourism.* 4th Edition. 2005.

- Kotler, Philip A. *Marketing Management.* 14th Edition. 2011.

- NASA. *Style Full Guide.* November 2006.

- NPS. *Digital Image Guide for Media Production.* 2010.

- NPS. *Graphic Requirements for Wayside Exhibits.*

- NPS. *Information Design: Tools and Techniques for Park-Produced Publications.* 1998.

- NPS. *Map Standards.* May 2005.

- NPS. *Typographic Standards.* September 2006.

- Pao, Imin and Joshua Berger. *30 Essential Typefaces for a Lifetime.* Rockport Publishers. 2006.

- Parente, Donald. *Advertising Campaign Strategy: A Guide to Marketing Communication Plans.* 2005.

- Schultz, Don E. *Integrated Marketing Communication: Putting It Together & Making It Work.* 1993.

- Sissors, Jack Z. and Roger B. Baron. *Advertising Media Planning.* 2010.

- The University of Chicago Press. *The Chicago Manual of Style*. 16th Edition. 2010.

6. 실물자료 수집 · 조사 · 분석(Actual Data Collection, Research, Analysis), 사례연구(Cases Study) 관련

- 직접 수집 실물자료: 미국, 캐나다, 영국, 스위스, 프랑스, 이탈리아, 독일, 호주, 뉴질랜드, 싱가포르 등의 현지를 직접 방문하여 유 · 무료로 직접 수집, 촬영, 구입한 자료

- 간접 수집 실물자료: 인터넷, 참고문헌 등에서 간접 수집한 자료

- 허갑중. 2014소치동계올림픽 색상의 통합적 표준화 도대체 어떤 내용이고, 어떻게 하였는가? 대한지리학회. 2013.

- 허갑중. 〈동대문디자인플라자(DDP)〉 방문 · 관광안내지도 도대체 무엇이 문제이고, 어떻게 해야 하는가?: 표지판 게시 패널지도와 종이지도 색상을 중심으로. 한국지리학대회. 2014년 6월 23일.

- 허갑중. 제주 관광안내정보의 선진화를 위한 문제점과 선진화 개선방안: 2천만 시대대비와 세계적인 관광명소 조성을 위하여. 제주발전포럼 통권 제48호 2103 겨울호. 제주발전연구원. 2014.01.30.

- 허갑중. 제주 관광안내 가이드북과 웹사이트 선진화 도대체 무엇이 문제이고, 어떻게 해야 하는가? 제주발전포럼 통권 제49호 2014 봄호. 제주발전 연구원. 2014.06.30.

- 허갑중. 한국관광공사 발행 〈KOREA Travel Guide: Maps 포함〉 도대체 무엇이 문제이고, 어떻게 해야 하는가?: 2018평창동계올림픽 성공개최 대비. 대한지리학회 공식 웹사이트. 2013.

- 허갑중. 〈동대문디자인플라자(DDP)〉 방문안내표지판 도대체 무엇이 문제이고, 어떻게 해야 하는가?: 사례조사 · 분석을 중심으로. 대한지리학회. 공식 웹사이트. 2013.

- 허갑중. 궁궐문화재 방문 · 관광안내표지판 및 지도 도대체 무엇이 문제이고, 어떻게 해야 하는가?: 〈경복궁〉, 세계문화유산 〈창덕궁〉, 〈덕수궁〉 사례를 중심으로. 대한지리학회 공식 웹사이트. 2013.

- 허갑중. 국보 1호 〈숭례문〉 방문 · 관광안내표지판 및 지도 도대체 무엇이 문제이

고, 어떻게 해야 하는가?: 사례를 중심으로. 대한지리학회. 2013.

- 허갑중. 〈국립서울현충원〉 방문·관광안내표지판 및 지도 도대체 무엇이 문제이고, 어떻게 해야 하는가?: 〈미국 Arlington National Cemetery〉 사례비교 중심으로. 대한지리학회 공식 웹사이트. 2013.

- 허갑중. 세계문화유산 수원 〈화성〉 방문·관광안내표지판 및 지도 도대체 무엇이 문제이고, 어떻게 해야 하는가?: 사례를 중심으로. 대한지리학회 공식 웹사이트. 2013.

- 허갑중. 2014Sochi동계올림픽 색상의 통합적 표준화 사례연구: 하드웨어 건축물 부문부터 소프트웨어 방문안내 경기장 위치(분도) 안내지도 부문까지. 대한지리학회 공식 웹사이트. 2013.

- 허갑중. 세계자연유산 제주 〈성산일출봉〉, 〈만장굴〉, 〈거문오름〉 방문·관광 안내표지판 및 지도 도대체 무엇이 문제이고, 어떻게 해야 하는가?. 대한지리학회 공식 웹사이트. 2013.

- 허갑중. 서울광역시 〈서울역사박물관〉과 〈문화재〉 방문·관광안내표지판 및 지도 도대체 무엇이 문제이고, 어떻게 해야 하는가?. 대한지리학회. 2013.

- 허갑중. 세계문화유산 안동 〈하회마을〉과 경주 〈양동마을〉 방문·관광안내 표지판 및 지도 도대체 무엇이 문제이고, 어떻게 해야 하는가?. 대한지리학회 공식 웹사이트. 2013.

- 허갑중. UNESCO 세계문화유산 〈남한산성〉 방문·관광안내 Signs, Maps, Leaflets 도대체 무엇이 문제이고, 어떻게 해야 하는가?: 사례를 중심으로. 대한지리학회 공식 웹사이트. 2013.

- 허갑중. 우리나라 관광·방문안내지도의 컬러화하기(Colorization) 도대체 무엇이 문제이고, 어떻게 해야 하는가?(Ⅰ): 국가단위 〈한국관광공사〉부터 지역단위 〈제주도〉까지의 국내사례와 선진 구미 해외사례 비교. 한국지도학회 2041년 추계 학술발표대회. 2014.12.13.

- 허갑중. 우리나라 관광·방문안내지도의 컬러화하기(Colorization) 도대체 무엇이 문제이고, 어떻게 해야 하는가?(Ⅱ): 표준 지도요소(Standard Map Elements) 관련. 2015년 대한지리학회 주최 지리학대회. 2015년 6월.

- 허갑중. 우리나라 관광·방문안내지도의 컬러화하기(Colorization) 도대체 무엇이

문제이고, 어떻게 해야 하는가?(III): 표지(Covers) 및 해상도(Resolution). 2015년 대한지리학회 주최 지리학대회. 2015년 6월.

- 허갑중. 서울대학교 방문안내 · 홍보정보의 통합적 표준화 실태조사 · 분석: 대학교 정체성 향상을 위한 브랜드 포지셔닝 전략(Brand Positioning Strategy for Advancing University Identity) 측면에서 미국 · 영국 대학교 사례 비교. 2015년 6월.

- 국내 대학교 관련자료: 고려대학교, 서울대학교, 이화여자대학교, 카이스트, 포항공대 등

- 미국 대학교 관련자료: Brown, Chicago, Cornell, Dartmouth, Harvard, Johns Hopkins, Michigan State, Pennsylvania, Princeton, Stanford, Yale University, Caltech, MIT 등

- 영국 대학교 관련자료: Cambridge, Oxford University 등

찾아보기

저자 소개

허갑중

한양대학교 대학원 졸업: 광고 · 홍보 전공, 박사

미국 Michigan State University 대학원 졸업: 광고 전공, 석사

중앙대학교 졸업: 광고 · 홍보 전공, 학사

- (사)한국관광정보센터 대표이사 겸 소장
- 중앙대, 한양대, 서울여대, 배재대, 전북대, 관동대, 동덕여대, 숙대 대학원 강사역임
- (사)한국공간환경디자인학회(SEDIK) 정회원, 감사 및 고문역임
- 전라남도 공공디자인위원회 공공시설물 분과위원회 위원장
- (사)한국해양관광학회 회장
- (재)한국문화관광연구원 연구위원
- 국제표준화기구(ISO) 전문위원 겸 평가위원(ISO/TC 145)
- 미국 Michigan State University 광고학과 Visiting Scholar 겸 Co-Researcher
- 민주평화통일자문위원회 문화예술분과 상임위원

(사)대한지리학회 정회원(현)

(사)한국지도학회 정회원(현)

저서 및 역서

국 · 영문 표기 스타일 매뉴얼

新광고학 원론

현대사회와 잠재의식의 광고학

섹스어필 광고와 섹스어필 미디어(Sex-stereotyping in Advertising)

広告의 性表現 規制에 관한 意識研究: 性表現広告戦略